中等职业学校电类专业对口升学考试系列题库

电工技术基础与技能题库
（第2版）

主　编　杨清德　鲁世金

副主编　周达王　葛争光　丁汝铃

电子工业出版社
Publishing House of Electronics Industry
北京·BEIJING

内 容 简 介

本题库以教育部发布的《中等职业学校电工技术基础与技能教学大纲》和部分省市中职对口升学考试大纲为依据,结合职业院校学生的教育教学特点编写而成,主要内容包括直流电路,交流电路,电容、电感和电磁,三相电动机与控制,安全用电和综合题 6 个模块,收录习题将近 2000 道,每节后均有二维码,扫描可查看习题答案。

本题库是中职电类专业"电工技术基础与技能"课程的配套资料,既便于学生自学与复习,又便于教师布置作业及进行阶段测试。本题库可作为中职电类专业升学班学生、"3+2"学生、五年一贯制学生的复习考试题库,也可作为中职学校工科其他专业同类课程的学习考试题库。

未经许可,不得以任何方式复制或抄袭本书之部分或全部内容。
版权所有,侵权必究。

图书在版编目(CIP)数据

电工技术基础与技能题库 / 杨清德,鲁世金主编. —2 版. —北京:电子工业出版社,2023.9
ISBN 978-7-121-46333-4

Ⅰ.①电… Ⅱ.①杨… ②鲁… Ⅲ.①电工技术－中等专业学校－习题集 Ⅳ.①TM-44

中国国家版本馆 CIP 数据核字(2023)第 173468 号

责任编辑:蒲　玥
印　　刷:中煤(北京)印务有限公司
装　　订:中煤(北京)印务有限公司
出版发行:电子工业出版社
　　　　　北京市海淀区万寿路 173 信箱　邮编 100036
开　　本:880×1 230　1/16　印张:10　字数:320 千字
版　　次:2016 年 11 月第 1 版
　　　　　2023 年 9 月第 2 版
印　　次:2025 年 3 月第 4 次印刷
定　　价:39.00 元

凡所购买电子工业出版社图书有缺损问题,请向购买书店调换。若书店售缺,请与本社发行部联系,联系及邮购电话:(010)88254888,88258888。
质量投诉请发邮件至 zlts@phei.com.cn,盗版侵权举报请发邮件至 dbqq@phei.com.cn。
本书咨询联系方式:(010)88254485,puyue@phei.com.cn。

前言

良禽择木而栖，良马期乎千里。职业教育是"类型教育"，和普通教育没有高低之分。技能人才特别是高技能人才已成为中国式现代化建设的刚性需求。"职教高考"契合新时期国家发展需要，为广大中职学子铺就了一条通往本科院校成为高技能人才的绿色通道。考试是教学工作的重要环节，是反映教学质量、了解教师教学效果、检查学生学习情况的一种检验手段，对提高教学质量、提高学生学习的积极性、端正学生的学习态度起着重要作用。

通过建立题库，可以有效地规范考试范围，提高教学效率，促进教育评估、提高学生的学习积极性。

（1）多做习题可以帮助学生学习和理解课程知识。通过做题库中的习题，学生可以加深对课程内容的理解，掌握课程的基本概念和原理。

（2）多做习题可以提高学生的应试能力。题库中的习题较多，难易程度不同，可以帮助学生熟悉各种题型和难度，提高应试技巧和水平。

（3）多做习题可以培养学生的思维能力和解决问题的能力。通过做题库中的习题，学生可以锻炼自己的思维能力，提高分析问题、解决问题的能力，培养独立思考和自主学习的能力。

（4）多做习题还可以帮助学生评估自己的学习效果。通过做题库中的习题，学生可以了解自己的学习情况，找出自己学习中的薄弱环节，及时进行查漏补缺，提高学习效果。

本题库的内容涵盖了直流电路，交流电路，电容、电感和电磁，三相电动机与控制，安全用电和综合题6个模块，尽量体现教材的重点、难点，题型包括选择题、判断题、填空题和综合应用题，这些题型基本能满足学生对"电工技术基础与技能"课程的复习、巩固之需。每节后都配有二维码，学生只需扫描二维码，便可查看相应习题的答案，方便学生自我检测和复习。

本题库不仅为学生提供了一个自学的平台，也便于教师布置作业和进行阶段测试。它是中职电类专业"电工技术基础与技能"课程的配套资料，对提高学生的电工技术水平有着重要的推动作用。本题库可以作为中职电类专业升学班学生、"3+2"学生、五年一贯制学生的复习考试题库，也可作为中职学校工科其他专业同类课程的学习考试题库。它不仅适用于电类专业的学生，还适用于其他相关工科专业的学生，具有广泛的适用性。

习近平总书记关于教材工作的重要指示中提到：用心打造培根铸魂、启智增慧的精品教材。本题库的编写旨在通过大量的习题练习，帮助学生深入理解和掌握电工技术的基础知识和技能，提高学生的实践能力和解决问题的能力。编者希望通过本题库，能为广大的中职电类专业学生提供一份实用、有效的学习资料，同时也为相关的教育工作者提供一份教学参考资料。

本题库以教育部发布的《中等职业学校电工技术基础与技能教学大纲》和部分省市中职对口升学考试大纲为依据，基于中职电子类、电气类专业使用的教材"一纲多本"的现状，加之各省市中职对口升学考试大纲的要求有差异，建议读者根据各地的实际情况选做题库中的习题。

本题库由重庆市垫江县职业教育中心研究员杨清德、重庆市荣昌区职业教育中心高级讲师鲁世金担任主编，由瑞安市职业中等专业教育集团学校高级讲师周达王、江苏省东海中等专业学校讲师葛争光、重庆市梁平职业教育中心高级讲师丁汝铃担任副主编。在编写过程中参考了许多学者的教研文献和书籍，并参考了部分省市近年来的职教高考试题，在此对原创作者表示衷心感谢。

由于题库的试题较多，限于水平，汇编过程中难免有错误、疏漏等不足之处，敬请广大读者批评指正，意见反馈至电子邮箱370169719@qq.com。

编　者

目录

模块一 直流电路 ·· 1
  1.1 直流电路判断题 ·· 1
  1.2 直流电路选择题 ··· 10
  1.3 直流电路填空题 ··· 34

模块二 交流电路 ··· 40
  2.1 交流电路判断题 ··· 40
  2.2 交流电路选择题 ··· 56
  2.3 交流电路填空题 ··· 85

模块三 电容、电感和电磁 ·· 88
  3.1 电容、电感和电磁判断题 ·· 88
  3.2 电容、电感和电磁选择题 ·· 95
  3.3 电容、电感和电磁填空题 ·· 109

模块四 三相电动机与控制 ·· 111
  4.1 三相电动机与控制判断题 ·· 111
  4.2 三相电动机与控制选择题 ·· 115
  4.3 三相电动机与控制填空题 ·· 125

模块五 安全用电 ··· 128
  5.1 安全用电判断题 ··· 128
  5.2 安全用电选择题 ··· 131
  5.3 安全用电填空题 ··· 137

模块六 综合题 ·· 139

模块一

直流电路

1.1 直流电路判断题

题号	试题	答案
1	若 A、B 两点电位分别为 2V、3V，则电压 U_{AB} 为 1V。	
2	根据公式 $P=I^2R$ 可知，电阻消耗的功率 P 与阻值 R 成正比。	
3	在下图所示电路中，若支路电流 $I_1=1A$，$I_2=3A$，则 $I_3=4A$。	
4	电路产生电流的条件是要有自由移动的带电粒子和导体两端有电压。	
5	电动势不同的电池不允许并联。	
6	线性电阻的阻值随流过电流的增大而减小。	
7	电路中各点的电位与路径的选择无关，但与参考点的选择有关。	
8	在计算电路中各点电位时，参考点的选择很重要，选择不同的路径，计算结果会相差很大。	
9	电流在单位时间内所做的功被称为电能。	
10	在电路中 2A 的电流比–2A 的电流大。	
11	若将一段电阻丝消耗的功率减小为原来的一半，则应将电阻丝长度或两端的电压减半。	
12	根据 $P=I^2R$ 可得，电阻阻值越大消耗的功率就越大，因此"220V/100W"的灯泡比"220V/60W"的灯泡的功率大，这是因为 100W 灯泡的灯丝的电阻阻值比 60W 灯泡的灯丝的电阻阻值大。	
13	温度升高，阻值变大的电阻称为正温度系数电阻。	
14	某"220V/40W"的白炽灯正常工作 50h，若电价为 0.52 元/kW·h，则应支付的电费为 5.2 元。	
15	在电源内部，电流总是从高电位点流向低电位点。	
16	电压的正方向规定为由高电位指向低电位，即电位降的方向。	
17	电压的正方向规定为由低电位指向高电位，即电位升的方向。	
18	电动势的正方向规定为由低电位指向高电位，即电位升的方向。	
19	并联电路各支路的电流一定相等。	
20	电位高低的含义为该点与参考点间的电流大小。	
21	电动势的方向规定为从电源的负极经过电源内部指向电源的正极，即与电源两端的电压的方向相反。	

题号	试题	答案
22	电压是电位差的绝对值。	
23	电压是电位差的相对值。	
24	没有电压就没有电流,没有电流就没有电压。	
25	电源电动势的大小由电源本身的性质决定,与外电路无关。	
26	电路中两点间的电压等于这两点间的电位差,所以两点间的电压与电位的参考点有关。	
27	电流的方向规定为正电荷定向移动的方向。	
28	纯电阻电路在工作时,电能全部转换为热能。	
29	当电阻两端的电压为 9V 时,电阻阻值为 100Ω;当电阻两端的电压升至 18V 时,电阻阻值将升为 200Ω。	
30	欧姆定律指出,在一个闭合电路中,当导体温度不变时,通过导体的电流与加在导体两端的电压成反比,与其电阻成正比。	
31	电压是衡量电场力做功本领大小的物理量。	
32	电压是绝对的,电位是相对的。	
33	导体的长度和截面积都增大一倍,其电阻不变。	
34	阻值大的导体,电阻率一定也大。	
35	电压是电路中产生电流的根本原因,数值上等于电路中两点电位的差值。	
36	在直流电路中电流和电压的大小和方向都不随时间变化。	
37	单位时间内电流所做的功称为电功率,其单位有 W 和 kW。	
38	在短路状态下,电源内阻为零压降。	
39	$R = U/I$ 中的 R 是元件参数,它的值由电压和电流的大小决定。	
40	欧姆定律体现了线性电路元件上电压、电流的约束关系,与电路的连接方式无关。	
41	电压、电位和电动势的定义式形式相同,所以它们的单位一样。	
42	电位具有相对性,其大小、正负都是相对于电路参考点而言的。	
43	加在家用电器上的电压改变了,但它消耗的功率是不会改变的。	
44	在下图所示电路中,等效电阻 R_{ab} 为 2Ω。	
45	阻值大的导体,电阻率一定较小。	
46	$P = UI = U^2/R = I^2R$ 在任何条件下都成立。	
47	两根长度相同的铜芯线,粗的一根的阻值较大。	
48	两根长度相同的铜芯线,细的一根的阻值较大。	
49	在电阻分压电路中,阻值越大,两端的电压越高。	
50	在电阻分压电路中,阻值越小,两端的电压越高。	
51	串联电阻的分压作用及并联电阻的分流作用是指针式万用表内部电路的主要工作原理。	

题号	试题	答案
52	串联电路总电流等于各部分电流之和。	
53	串联电路总电流与各部分电流永远是相等的。	
54	在串联电路中,各电阻两端的电压之比等于电阻之比。	
55	在串联电路中,各电阻两端的电压之比等于电阻之比的二分之一。	
56	在串联电路中,各电阻的功率之比等于电阻之比。	
57	在串联电路中,阻值大的电阻消耗的功率较小,阻值小的电阻消耗的功率较大。	
58	在并联电路中,各支路的电压相等,并且等于电源电压。	
59	在并联电路中,各支路的电压相等,各支路电压之和等于电源电压。	
60	并联电路中的总电阻的倒数等于各支路电阻的倒数和。	
61	并联电路中的总电阻等于各支路电阻的倒数和。	
62	在并联电路中,各支路电流之比等于各支路电阻的反比。	
63	在并联电路中,各支路电流之比等于各支路电阻的正比。	
64	在并联电路中,各支路的功率之比等于各支路电阻的反比。	
65	在并联电路中,各支路的功率之比等于各支路电阻的正比。	
66	并联电路的总功率等于各电阻消耗的功率之和。	
67	电阻并联时的等效电阻比其中最小的电阻还要小。	
68	在并联电路中,各支路上的电流不一定相等。	
69	在串联电路中,电路总电压等于各电阻的分电压之和。	
70	一条马路上的路灯总是同时亮、同时灭,因此这些路灯都是串联接入电网的。	
71	甲同学说:"电阻并联时的等效电阻比其中最小的电阻还要小。"乙同学说:"电阻并联时的等效电阻比其中最小的电阻还要大。"甲同学的说法是错误的,乙同学的说法是正确的。	
72	电阻串联,电路中的电流处处相等。	
73	在电阻串联电路中,$U_{总}=U_{R1}+U_{R2}+U_{R3}+\cdots$。	
74	电阻串联,则 $R_{总}=R_1+R_2+R_3+\cdots$。	
75	电阻串联电路可以用来实现分压。	
76	电阻串联电路可以用来扩大电压表量程。	
77	在电阻并联电路中,$U_{总}=U_{R1}+U_{R2}+U_{R3}+\cdots$。	
78	电阻并联,电路中的电流处处相等。	
79	在电路中并联一个电阻后的总电阻一定小于其中任意一个电阻的阻值。	
80	在电路中并联一个电阻后的总电阻一定大于其中任意一个电阻的阻值。	
81	在电阻分流电路中,电阻的阻值越大,流过它的电流就越大,电阻消耗的功率越大。	
82	某一个节日灯串采用串联电路,其等效电阻均恒大于任意一个分电阻的阻值。	
83	电阻并联电路可以用于实现分压和扩大电流表量程。	
84	电阻串联电路可以用于实现分压和扩大电流表量程。	
85	在电阻分压电路中,电阻的阻值越大,流过它的电流就越大。	
86	在串联电路中,各电阻分配的电压与电阻的阻值成正比。	

题号	试题	答案
87	等效电阻的含义是可以用一个电阻去代替多个不同关系连接的电阻,只要它们的阻值相等,这个电阻就是整个电路的等效电阻。	
88	如果电路中某两点的电位都很高,那么这两点间的电压一定很高。	
89	一个电阻消耗的功率越大,它所消耗的电能越大。	
90	规定电动势的实际方向为从正极指向负极。	
91	电路上 a 点和 b 点间的电压 $U_{ab}=-10V$,实际上是 a 点电位高于 b 点电位。	
92	电路上 a 点和 b 点间的电压 $U_{ab}=-10V$,实际上是 b 点电位高于 a 点电位。	
93	如果把一个24V的电源的正极接地,那么这个电源的负极的电位是-24V。	
94	人们常用"负载大小"来指负载电功率大小,在电压一定的情况下,"负载大小"是指通过负载的电流的大小。	
95	当若干电阻串联时,阻值越小的电阻通过的电流越小。	
96	电路中允许电源短时间短路。	
97	"220V/60W"的日光灯能在110V的电源上正常工作。	
98	由公式 $R=\dfrac{U}{I}$ 可知,电阻的大小与电阻两端的电压和通过它的电流有关。	
99	在实际电路中电阻串联常用于分压和限流。	
100	在直流电路中,有电压的元件一定有电流。	
101	在串联电路中,各个电阻消耗的功率与它的阻值成正比。	
102	在电路分析中,一个电流的计算结果为负值,说明它小于零。	
103	当通过电阻的电流增大到原来的3倍时,电阻消耗的功率为原来的2倍。	
104	若改变电路中选择的参考点,则两点间的电压也将改变。	
105	电压和电流计算结果为负值,说明它们的参考方向假设反了。	
106	在通常情况下,照明电路中打开的灯越多,总的负载电阻就越小。	
107	当外电路开路时,电源的端电压等于零。	
108	在闭合电路中,流过负载的电流变大,负载两端的电压一定变大。	
109	当电路处于通路状态时,负载的阻值越大,电路的端电压越大。	
110	A灯比B灯亮,说明流过A灯的电流比流过B灯的电流大。	
111	两个电路等效,即两个电路的内部和外部都相同。	
112	在若干电阻串联时,阻值越小的电阻通过的电流越大。	
113	在下图所示电路中,当 U_{ab} 一定时,若使 R 减小,则流过电阻 R_1 的电流和流过电阻 R_2 的电流都会升高。	
114	把一个电阻连接在无电压的两点之间,流过电阻的电流为0,则这两点的电位相等。	
115	某品牌的手机电池标识为1000mA·h,是指该手机电池在放电电流为1000mA时,能够使用1h;如果放电电流为500mA,那么该手机能使用2h。	
116	电路中两点的电位分别是 $V_1=10V$,$V_2=-5V$,则1点对2点的电压是15V。	

题号	试题	答案
117	电路中两点的电位分别是 $V_1 = 10V$，$V_2 = -5V$，则1点对2点的电压是5V。	
118	当加在电阻上的电压增大到原来的2倍时，电阻消耗的电功率也将增大到原来的2倍。	
119	当流过电阻的电流增大到原来的2倍时，电阻消耗的电功率也将增大到原来的2倍。	
120	额定电压为220V的白炽灯，如果电源电压下降10%，其电功率也将下降10%。	
121	电路如下图所示，已知 $R_1 = R_2 = R_3 = 1\text{k}\Omega$，$U_s = 2V$，则电流 $I = 1\text{mA}$。	
122	在一个"220V/40W"的灯泡 L_1 和一个"220V/60W"的灯泡 L_2 并联运行的电路中，流过灯泡 L_1 的电流比流过灯泡 L_2 的电流小。	
123	电路如下图所示，$R_{ab} = 100\Omega$。	
124	在下图所示电路中，若 $U_{ab} = 5V$，则 $R = 15\Omega$。	
125	有一个额定值为5W、500Ω的绕线电阻，其额定电流应为0.1A，在使用该电阻时电压不得超过50V。	
126	两个阻值为100Ω的电阻并联后总阻值为50Ω。	
127	两个阻值为100Ω的电阻串联后总阻值为50Ω。	
128	一个100W的灯泡，一天点亮1h，则每月（按30日计）的用电量为3kW·h。	
129	标有"100Ω/9W"的电阻，其允许流过的额定电流是0.3A。	
130	在识读色环电阻时，从左向右读和从右向左读的结果是一样的。	
131	四色环电阻为"红-红-黑-棕"，则该电阻的阻值是220kΩ，误差精度是10%。	
132	五色环电阻为"黄-紫-黑-棕-紫"，则该电阻的阻值是52834Ω，误差精度是0.5%。	
133	一个四色环电阻的阻值为0.54Ω，则这个电阻的第1环的颜色是金色。	
134	一个四色环电阻的阻值为470Ω，那么这个电阻的第1环、第2环、第3环的颜色分别是黄色、紫色、金色。	
135	一个四色环电阻从第1环到第3环的颜色分别为绿色、棕色、黑色，那么其标称阻值为51Ω。	
136	四色环电阻为"红-红-黑-棕"，这个电阻的阻值是220Ω，误差精度是10%。	
137	甲、乙两个同学在识别同一个五色环电阻时，甲同学读出的色环是"棕-金-红-蓝-绿"；乙同学从另一端读起，读出的色环是"绿-蓝-红-金-棕"。甲同学的识别方法错误；乙同学的识别方法正确。	

题号	试题	答案
138	四色环电阻中前3个色环表示阻值，其中第1色环和第2色环表示有效值，第3色环表示倍乘，第4色环表示误差精度，阻值单位是Ω。	
139	色环电容和色环电阻的参数、数字和颜色标识相同。	
140	对于色环电阻，数字从0~9相应的颜色是"黑-棕-红-橙-绿-黄-蓝-紫-灰-白"。	
141	色环电阻的表示方法是每一个色环代表一位有效数字。	
142	五色环电阻的第4色环表示误差值。	
143	四色环电阻的第4色环表示误差值。	
144	电阻是有方向的元件。	
145	下图所示电路有5个节点。	
146	下图所示电路有2个网孔。	
147	如下图所示，在节点A上有$I_1+I_2+I_3+I_4-I_5=0$。	
148	在多数情况下，电路中的网孔都是回路，但回路不一定是网孔。	
149	三条或三条以上支路的汇交点称为节点。	
150	一条支路中只能有一个元件。	
151	电路中任意两个节点之间连接的电路统称为支路。	
152	回路和网孔都是电路中任一闭合的路径。	
153	用基尔霍夫定律列方程求各支路电流，若解出的电流为负值，则表示实际电流方向与假设电流方向相反，因此应把原来假定的电流方向改过来。	
154	用基尔霍夫定律列方程求各支路电流，若解出的电流为负值，则表示实际电流方向与假设电流方向相反；若解出的电流为正值，则表示实际电流方向与假设电流方向相同。	
155	电路中任一回路都可以称为网孔。	
156	在分析电路时，任意假定支路电流方向会导致计算错误。	
157	基尔霍夫第一定律是节点电流定律，是用来证明电路上各电流之间关系的定律。	
158	基尔霍夫第一定律是节点电压定律，是用来证明电路上各电压之间关系的定律。	

题号	试题	答案
159	基尔霍夫第二定律又称基尔霍夫电压定律，简记为 KVL。它是确定电路中任意回路内各电压之间关系的定律，因此又称为回路电压定律。	
160	如下图所示，应用基尔霍夫第二定律列方程为 $$-E_1+E_2 = -I_1R_1+I_2R_2+I_3R_3-I_4R_4$$	
161	基尔霍夫电压定律说明在集总参数电路中，在任一时刻，沿任一回路绕行一周，各元件的电压代数和为零。	
162	沿顺时针方向和逆时针方向列写 KVL 方程，得到的结果是相同的。	
163	对于电路中的任意一个节点，流入该节点的电流之和必等于流出该节点的电流之和。	
164	对于任一回路，沿任一方向绕行一周，各电阻上电压的代数和等于各电源电动势的代数和。	
165	当回路中各元件电压的参考方向与回路的绕行方向一致时，电压取正号，反之电压取负号。	
166	分析和计算复杂电路的依据是欧姆定律和基尔霍夫定律。	
167	回路电压定律表明了电路中任一回路中各部分电压之间的关系。	
168	节点电流定律说明了连接在同一节点的几条支路电流之间的关系。	
169	基尔霍夫定律是基尔霍夫节点电流定律的简称。	
170	基尔霍夫电流定律是指沿任一回路绕行一周，各支路上电压的代数和一定为零。	
171	在电路中，任一瞬时流向某一节点的电流之和应等于由该节点流出的电流之和。	
172	在支路电流法中，用基尔霍夫电流定律列写节点电流方程时，若电路中有 n 个节点，则一定要列出 n 个方程。	
173	在支路电流法中，用基尔霍夫电流定律列写节点电流方程时，若电路中有 m 个节点，则一定要列出 $m-1$ 个方程。	
174	沿顺时针方向和逆时针方向列写 KVL 方程，得到的结果是不同的。	
175	在应用基尔霍夫定律列写方程式时，可以不参照参考方向。	
176	基尔霍夫电流定律仅适用于电路中的节点，与元件的性质有关。	
177	在支路电流法中，用基尔霍夫电流定律列写节点电流方程时，若电路中有 n 个节点，则一定要列出 $n+1$ 个方程。	
178	对臂电阻相等的电桥为平衡电桥。	
179	电桥平衡时桥支路两端的电压为零，因为桥支路两端电位相等。	
180	电桥平衡时桥支路两端电位相等，因为桥支路两端的电压有可能为零。	
181	电桥平衡时两条对角线上的电流都等于零。	
182	一次性电池包括干电池、镍氢电池、锂电池等。	
183	当用电设备的额定电流比单个电池通过的额定电流大时，可采用并联电池组供电。	

题号	试题	答案
184	为提供较高的电压和较大的电流,常采用混联电池组。	
185	在并联电池组中,若有一个电池的极性接反,则在电池组内将形成环流,发生短路现象。	
186	电池在电路中必定是电源,总是把化学能转化为电能。	
187	电路的三种状态是通路、断路、开路。	
188	电流产生的条件是导体的两端必须有电压。	
189	电工技术中的"地"就是零电位处的地。	
190	电工技术中的"地"就是我们所站的大地。	
191	若电阻元件的伏安特性曲线是过原点的直线,则称之为线性电阻。	
192	电路图是根据电气元件的实际位置和实际接线绘制的。	
193	当负载获得最大功率时,说明电源的利用率达到了最大。	
194	指针式万用表电阻挡的标尺是均匀的。	
195	指针式万用表电阻挡的标尺是不均匀的。	
196	电流表的内阻越大,其测量结果越准确。	
197	电流表的内阻越小,其测量结果越准确。	
198	在用万用表测量电压时要将万用表并联在电路中。	
199	在用万用表测量电压时要将万用表串联在电路中。	
200	在读取MF47型万用表表盘上的数时,人眼必须在表盘正上方,而且在指针与反射镜里的像重合时读数最准确。	
201	电压表的内阻越小,其测量结果越准确。	
202	指针式万用表电阻刻度线是不均匀的,指针越偏向右边指示的阻值越小。	
203	在用电流表测量电流时,必须将电流表串联在被测电路中。	
204	在用电流表测量电流时,必须将电流表并联在被测电路中。	
205	在用指针式万用表测电阻的阻值时,挡位与量程选择开关拨至"×10"挡,若刻度盘上的读数为10,则被测电阻的阻值大小为100Ω。	
206	规定电动势的正方向为从低电位指向高电位,所以在测量电源电动势时,电压表正极应接电源负极,电压表负极应接电源正极。	
207	电流的大小用电流表来测量,在测量时将电流表并联在电路中。	
208	万用表在使用后,量程选择开关可置于任意位置。	
209	在使用电压表测量电压时,选择的量程要大于或等于被测线路电压。	
210	在使用电流表测量电流时,应把电流表串联在被测电路中。	
211	数字式直流电流表可以用于测量交流电路中的电流。	
212	数字式交流电流表可以用于测量直流电路中的电流。	
213	在使用万用表测量电阻的阻值时,指针指在刻度盘中间时测量结果最准确。	
214	在使用万用表测量电阻的阻值时,每次换挡后均应进行欧姆调零操作。	
215	在测量电阻的阻值时,只要保持安全距离即可,被测电路无须断开电源。	
216	常用的电压表是由微安表或毫安表改装而成的。	
217	通常指针式万用表黑表笔对应的是内电源的正极。	

题号	试题	答案
218	在改变万用表电阻挡倍率后，测量电阻前必须进行机械调零操作。	
219	数字式万用表与指针式万用表的区别在于：在用数字式万用表测量直流电压时，极性接反会导致数字式万用表损坏；在用指针式万用表测量直流电压时，极性接反不会导致指针式万用表损坏。	
220	一个万用表，S 为选择开关，Q 为欧姆挡调零旋钮，现在要用它检验两个电阻的阻值，已知 R_1 的阻值为 60Ω 和 R_2 的阻值为 470Ω。张同学的测量步骤及过程如下。 A．旋动 S，使其尖端对准"×1K"挡。 B．旋动 S，使其尖端对准"×100"挡。 C．旋动 S，使其尖端对准"×10"挡。 D．旋动 S，使其尖端对准"×1"挡。 E．旋动 S，使其尖端对准 OFF。 F．将两根表笔分别接在 R_1 的两端，读出 R_1 的阻值，随后断开。 G．将两根表笔分别接在 R_2 的两端，读出 R_2 的阻值，随后断开。 H．两根表笔短接，调节 Q，使指针对准欧姆表刻度盘上的 0，随后断开。 同学们对张同学的测量步骤提出了异议。其中，吴同学认为合理的操作步骤的顺序是 A→C→D→F→B→G→H→E。请你根据所学知识判断吴同学的说法是否正确。	
221	数字式万用表的 COM 插孔是测量信号时的公共端。在测量时，黑表笔必须插在 COM 插孔上。	
222	在使用万用表测量电阻的阻值前，应先切断电路电源，并把所有高压电容放电。	
223	在使用万用表电流挡测量电流时，应将万用表并联在被测电路中，因为只有并联才能使流过电流表的电流与被测支路电流相同。	
224	万用表使用完毕，应将转换开关置于交流电压的最大挡或者 OFF 位置上。	
225	在使用万用表测量某一电量时，一般不能在测量的同时换挡，尤其是在测量高电压或大电流时。	

1.1 节答案可扫描二维码查看。

1.2 直流电路选择题

题号	试题	答案
1	要提高电源电动势，（　　）是做功的主体。 A．电场力　　　　　　　　　　B．电源力 C．电源以外的外力　　　　　　D．静电力	
2	标有"22Ω/220V"的 5 台家用电器，全部接在 220V 电源上正常工作，每天平均使用 2h，则一个月（按 30 天计算）的用电量为（　　）。 A．22kW·h　　　　　　　　　B．132kW·h C．330kW·h　　　　　　　　D．660kW·h	
3	衡量电源力移动正电荷做功本领大小的物理量是（　　）。 A．电压　　　B．电位　　　C．电动势　　　D．电场	
4	如下图所示，两个完全相同的电池向电阻 R 供电，每个电池的电动势为 E，内阻为 r，则电阻 R 上的电流为（　　）。 A．$\dfrac{E}{R+r}$　　　　　　　　B．$\dfrac{2E}{R+r}$ C．$\dfrac{2E}{R+2r}$　　　　　　　D．$\dfrac{2E}{2R+r}$	
5	电位和电压是两个不同的概念，因此在同一电路中，下列说法正确的是（　　）。 A．电位与参考点的选择有关，但任意两点间的电压与参考点的选择无关 B．电位和电压与参考点的选择有关 C．电位和电压与参考点的选择无关 D．电位不同，电压也不同	
6	电压和电动势的正方向是（　　）。 A．电压的正方向是从高电位指向低电位，电动势的正方向是从电源负极经电源内部指向电源正极 B．电压的正方向是从低电位指向高电位，电动势的正方向是从电源正极经电源内部指向电源负极 C．电压和电动势的正方向都是从高电位指向低电位 D．电压和电动势的正方向都是从低电位指向高电位	
7	在内阻为 r 的电路中，电源电动势为 E，当外电阻的阻值 R 减小时，电源两端的电压将（　　）。 A．不变　　　　　　　　　　　B．增大 C．减小　　　　　　　　　　　D．无法断定	
8	某直流电源内阻忽略不计，其电动势为 6V，最大输出电流为 1A，当接上阻值为 4Ω 的电阻后，下面说法正确的是（　　）。 A．电路工作正常，电路工作电流为 1.5A B．电路工作不正常，负载因过载可能损坏 C．电路工作不正常，电源因过载可能损坏 D．电路工作正常，电路工作电流为 1A	

题号	试题	答案
9	电路如下图所示，已知电源电动势 E=3V，R_1=R_2=2Ω，R_3=1Ω，R_4=R_5=6Ω，则电流表读数为（　　）。 A. 0.6A　　　B. 1A　　　C. 2A　　　D. 3A	
10	实际电流方向通常规定为（　　）电荷运动的方向。 A. 负　　　　　　　　　B. 正 C. 正或负都可以　　　　D. 上述说法都不对	
11	在发生短路时容易造成电源烧坏的是（　　）。 A. 电流过大　B. 电压过大　C. 电阻过大　D. 以上都正确	
12	当负载开路时，以下式子能成立的是（　　）。（E 为电源电动势，U 为负载端电压，I 为电路中的电流。） A. $U=E$，$I=E/R$　　　　B. $U=0$，$I=0$ C. $U=E$，$I=0$　　　　　D. $U=0$	
13	电动势为 E，内阻为 r 的电源外接阻值为 R 的负载电阻，则电路端电压为（　　）。 A. E　　B. Er/R　　C. $Er/(R+r)$　　D. $ER/(R+r)$	
14	由欧姆定律 $R=U/I$ 可知，以下说法正确的是（　　）。 A. 导体的电阻与电压成正比，与电流成反比 B. 加在导体两端的电压越大，导体的电阻越大 C. 加在导体两端的电压和流过导体的电流的比值为常数 D. 通过导体的电流越小，导体的电阻越大	
15	在下图所示的电路中，电路两端所加电压 U 不变，已知 R_1=R_2，如果阻值为 R_1 的电阻突然短路，下面说法正确的是（　　）。 A. 阻值为 R_2 的电阻两端的电压不变，电流增加一倍 B. 阻值为 R_2 的电阻两端的电压增加一倍，电流也增加一倍 C. 阻值为 R_2 的电阻两端的电压增加一倍，电流不变 D. 阻值为 R_2 的电阻两端的电压不变，电流也不变	
16	将一根导线均匀拉长为原长度的 3 倍，则其阻值为原来的（　　）倍。 A. 3　　　B. 1/3　　　C. 9　　　D. 1/9	
17	导体的电阻不仅与导体的长度、截面积有关，还与导体的（　　）有关。 A. 温度　　B. 湿度　　C. 距离　　D. 材质	
18	电流是由电子定向移动形成的，习惯上把（　　）定向移动的方向作为电流的方向。 A. 正电流　　B. 负电流　　C. 负电荷　　D. 正电荷	
19	参考点也叫零电位点，它是（　　）。 A. 人为规定的　　　　　　B. 由参考方向决定的 C. 由电位的实际方向决定的　D. 由大地性质决定的	

题号	试题	答案
20	在同一电路中，相同时间内两个家用电器相比，功率越大的家用电器（　　）。 A．电流做功越慢　　　　　　　　B．电流做功越快 C．消耗的电能越多　　　　　　　　D．消耗的电能越少	
21	下列物理量中以科学家安培的名字作为单位的是（　　）。 A．电压　　　B．电流　　　C．电阻　　　D．电功率	
22	电路就是（　　）通过的路径。 A．电阻　　　B．电流　　　C．电压　　　D．电能	
23	电流是指导体中的自由电子在（　　）的作用下做有规则的定向运动。 A．电场力　　　B．电磁力　　　C．磁力　　　D．电动势	
24	在电场作用下，电流在导体中流动时所受到的阻力称为电阻，用（　　）表示。 A．I　　　B．U　　　C．R　　　D．W	
25	下列电流单位换算正确的是（　　）。 A．$1A = 10^2 mA$　　　　　　　　B．$1mA = 10^2 \mu A$ C．$1A = 10^6 \mu A$　　　　　　　　D．$1A = 10 mA$	
26	下列电压单位换算正确的是（　　）。 A．$1V = 10^2 mV$　　　　　　　　B．$1mV = 10^2 \mu V$ C．$1V = 10^6 \mu V$　　　　　　　　D．$1V = 10 mV$	
27	下列功率单位换算正确的是（　　）。 A．$1W = 10 mW$　　　　　　　　B．$1W = 10^2 mW$ C．$1W = 10^3 mW$　　　　　　　　D．$1W = 10^5 mW$	
28	电压的基本单位是（　　）。 A．V　　　B．A　　　C．W　　　D．E	
29	电功率的单位是（　　）。 A．瓦特（W）　　　　　　　　B．伏特（V） C．焦耳（J）　　　　　　　　D．千瓦·时（kW·h）	
30	电动势的国际单位是（　　）。 A．E　　　B．V　　　C．mV　　　D．A	
31	电路正常工作的状态为（　　）。 A．断路　　　B．支路　　　C．短路　　　D．通路	
32	在电力系统中，以kW·h作为（　　）的计量单位。 A．电压　　　B．电能　　　C．电功率　　　D．电位	
33	部分电路欧姆定律是反映电路中（　　）。 A．电流、电压、电阻三者关系的定律 B．电流、电动势、电位三者关系的定律 C．电流、电动势、电导三者关系的定律 D．电流、电动势、电抗三者关系的定律	
34	导线的阻值与（　　）。 A．其两端所加的电压成正比 B．流过的电流成反比 C．两端所加电压和流过的电流无关 D．导线的截面积成正比	
35	电源电动势是2V，内电阻是0.1Ω，当外电路断路时，电路中的电流和端电压分别是（　　）。 A．0、2V　　　B．20A、2V　　　C．20A、0　　　D．0、0	

题号	试题	答案
36	电路中选择的参考点改变后，（　　）。 A．各点电位值不变　　　　　　B．各点间电位差改变 C．各点电位值改变　　　　　　D．两点之间电压改变	
37	在闭合电路中，负载电阻增大，端电压将（　　）。 A．减小　　　B．增大　　　C．不变　　　D．不能确定	
38	下面关于电流和电压方向的规定正确的是（　　）。 A．规定电流方向为电荷定向移动的方向，电压方向为由高电位指向低电位 B．规定电流方向为电子定向移动的方向，电压方向为由高电位指向低电位 C．规定电流方向为正电荷定向移动的方向，电压方向为由低电位指向高电位 D．规定电流方向为正电荷定向移动的方向，电压方向为由高电位指向低电位	
39	下面对电源电动势概念的认识正确的是（　　）。 A．同一电源接入不同电路，电动势就会发生变化 B．1号1.5V干电池比7号1.5V干电池体积大，但电动势相同 C．电动势表征了电源把其他形式能转化为电能的本领，电源把其他形式能转化为电能的本领越大，电动势越大 D．电动势、电压和电势差虽然名称不同，但物理意义相同，因此它们的单位相同	
40	4个电阻的阻值为 $R_1 = R_2 = R_3 = R_4 = 20\Omega$，这4个电阻并联后的等效电阻为（　　）。 A．$5\Omega$　　　B．10Ω　　　C．2Ω　　　D．40Ω	
41	3个电阻的阻值为 $R_1 = R_2 = R_3 = 15\Omega$，这3个电阻串联后的等效电阻为（　　）。 A．$5\Omega$　　　B．40Ω　　　C．30Ω　　　D．45Ω	
42	阻值不同的几个电阻并联后的等效电阻（　　）。 A．比任何一个电阻的阻值大　　　B．比任何一个电阻的阻值小 C．与最小电阻的阻值相等　　　　D．不确定	
43	在串联电路中，电压的分配与电阻（　　）。 A．成正比　　　B．成反比　　　C．1:1　　　D．2:1	
44	在并联电路中，电流的分配与电阻（　　）。 A．成正比　　　B．成反比　　　C．1:1　　　D．2:1	
45	电阻串联电路具有的特点是（　　）。 A．串联电路中各电阻两端的电压相等 B．各电阻上分配的电压与各电阻的阻值成正比 C．各电阻上消耗的功率之和不等于电路消耗的总功率 D．流过每个电阻的电流不相等	
46	电阻并联电路不具有的特点是（　　）。 A．并联电路中各支路两端的电压相等 B．并联电路中总电流等于各支路电流之和 C．并联电路中电阻越大的支路，分流越小 D．并联电路中并联的用电设备越多，电路中的总电阻越大	
47	截面积相同的甲、乙两导体，甲的长度为1m，乙的长度为0.5m，将它们串联在电路中，下列说法正确的是（　　）。 A．甲的电阻一定大于乙的电阻 B．甲两端的电压一定等于乙两端的电压 C．通过甲的电流一定等于通过乙的电流 D．通过甲的电流一定大于通过乙的电流	

题号	试题	答案
48	电阻串联的公式正确的是（　　）。 A．$1/R = 1/R_1+1/R_2+1/R_3$　　　　B．$1/R = 1/(R_1+R_2+R_3)$ C．$R = R_1+R_2+R_3$　　　　D．$1/R = 1/(R_1R_2R_3)$	
49	电阻并联的公式正确的是（　　）。 A．$1/R = 1/R_1+1/R_2+1/R_3$　　　　B．$1/R = 1/(R_1+R_2+R_3)$ C．$R = R_1+R_2+R_3$　　　　D．$R = R_1R_2R_3$	
50	不是并联电路工作特点的是（　　）。 A．开关可以不止一个 B．各用电设备能独立工作，相互不影响 C．电流路径不止一条 D．并联的用电设备越多，电路中的总电阻越大	
51	在串联电路中，各电阻两端的电压的关系是（　　）。 A．各电阻两端的电压相等　　　　B．阻值越小的电阻两端的电压越高 C．阻值越大的电阻两端的电压越高　D．各电阻两端的电压与阻值大小没有关系	
52	三个阻值均为R的电阻，两个并联后与另一个串联，总电阻等于（　　）。 A．R　　　　B．$(1/3)R$ C．$(1/2)R$　　　　D．$1.5R$	
53	阻值为R_1、R_2的两个电阻并联，等效电阻为（　　）。 A．$\dfrac{R_1+R_2}{R_1R_2}$　　B．R_1-R_2　　C．$\dfrac{R_1R_2}{R_1+R_2}$　　D．$\dfrac{1}{R_1}+\dfrac{1}{R_2}$	
54	有三个小灯泡、三个开关、一个电池组、若干根导线，现将三个小灯泡连接起来，要求实现开关每个小灯泡时不影响其他小灯泡，下列连接方法符合要求的是（　　）。 A．三个小灯泡分别和三个开关串联后，再把它们并联 B．三个小灯泡分别和三个开关串联后，再把它们串联 C．三个小灯泡分别和三个开关串联后，再把两组并联，最后跟第三组串联 D．三个小灯泡分别和三个开关串联后，再把两组串联，最后和第三组并联	
55	在实验时，想通过一个开关同时控制两个灯泡的点亮和熄灭，那么（　　）。 A．两个灯泡可以是串联或并联　　B．两个灯泡只能是串联 C．两个灯泡只能是并联　　　　　D．串联、并联都不行	
56	下图所示为四个不同负载的伏安特性曲线，适用于欧姆定律的是（　　）。 A．　　　　B．　　　　C．　　　　D．	
57	电路中两点间的电压越高，（　　）。 A．这两点间的电位差越大　　B．这两点的电位都高 C．这两点的电位都是正值　　D．这两点的电位都是负值	
58	在电源电动势为E，内阻为r，负载的阻值为R的电路中，当R减小时，电源两端的电压（　　）。 A．增大　　B．减小　　C．不变　　D．不能判定	
59	在电源电动势为E，内阻为r，负载的阻值为R的电路中，当R增大时，电源两端的电压（　　）。 A．不变　　B．无法判定　　C．增大　　D．减小	

题号	试题	答案
60	将一个灯泡接入电路中，开启电源后，该灯泡灯丝微红，不能正常发光，其原因是（　　）。 A．电路不通　　B．灯丝烧断　　C．灯泡功率太小　　D．供电电压不足	
61	用电压表测得某电路两端的电压为0V，其原因是（　　）。 A．外电路开路　　　　　　　　B．外电路短路 C．外电路电流减小　　　　　　D．电源内阻为零	
62	在下图所示的电路中，当电阻 R_P 的滑动端从左向右移动时，电阻 R_2 两端的电压将（　　）。 A．不变　　　B．增大　　　C．减小　　　D．无法判断	
63	在下图所示的电路中，当电阻 R_P 的滑动端从右向左移动时，电阻 R_2 两端的电压将（　　）。 A．不变　　　B．增大　　　C．减小　　　D．无法判断	
64	在下图所示的电路中，当开关 K 闭合时，电压表、电流表的示数将发生的变化是（　　）。 A．都增大　　　　　　　　　B．电压表的示数减小，电流表的示数增大 C．都减小　　　　　　　　　D．电压表的示数增大，电流表的示数减小	
65	将标有"220V/100W"和"220V/40W"的两个灯泡串联接到 220V 的电源上，这种接法的结果是（　　）。 A．两个灯泡都不亮 B．" 220V/100W"的灯泡比"220V/40W"的灯泡亮 C．两个灯泡一样亮 D．"220V/40W"的灯泡比"220V/100W"的灯泡亮	
66	将标有"220V/100W"和"220V/40W"的两个灯泡并联接到 220V 的电源上，这种接法的结果是（　　）。 A．两个灯泡都不亮 B．"220V/100W"的灯泡比"220V/40W"的灯泡亮 C．两个灯泡一样亮 D．"220V/40W"的灯泡比"220V/100W"的灯泡亮	
67	白炽灯的灯丝烧断后，重新搭上并继续使用，其发光亮度为（　　）。 A．比原来暗　　B．比原来亮　　C．与原来一样亮　　D．完全不亮	

题号	试题	答案
68	在下图所示的电路中，已知 $R_1 = R_2 = R_3 = 12\Omega$，则 A、B 间的等效电阻为（　　）。 A．36Ω　　　　B．18Ω　　　　C．8Ω　　　　D．4Ω	
69	白炽灯 L_1 标有"220V/100W"字样，白炽灯 L_2 标有"220V/40W"字样，当把它们并联在 220V 的电源上时，消耗电能的情况是（　　）。 A．$L_2 > L_1$　　B．$L_1 > L_2$　　C．$L_1 = L_2$　　D．$L_1 \leq L_2$	
70	白炽灯 L_1 标有"220V/100W"字样，白炽灯 L_2 标有"220V/40W"字样，当把它们串联在 220V 的电源上时，消耗电能的情况是（　　）。 A．$L_2 > L_1$　　B．$L_1 > L_2$　　C．$L_1 = L_2$　　D．$L_1 \leq L_2$	
71	在下图所示的电路中，E 不计内阻，$R_1 > R_2$，当开关 S 闭合时，通过阻值为 R_1 的电阻的电流将（　　）。 A．减小　　　　B．增大　　　　C．不变　　　　D．无法确定	
72	用电压表测得电路端电压为 0，这说明（　　）。 A．电源内电阻为 0　　　　B．外电路断路 C．外电路上电流比较大　　D．外电路短路	
73	实训室有甲、乙两个灯泡，灯泡甲上标有"110V/60W"，灯泡乙上标有"220V/60W"，当它们都在额定电压下工作发光时，其亮度是（　　）。 A．灯泡乙比灯泡甲更亮　　B．灯泡甲比灯泡乙更亮 C．灯泡甲和灯泡乙一样亮　　D．无法判定哪个灯泡更亮	
74	当电路中的电流的参考方向与电流的真实方向相反时，该电流（　　）。 A．一定为正值　　　　B．一定为负值 C．不能确定是正值还是负值　　D．为零	
75	在闭合电路中，负载的阻值减小，端电压将（　　）。 A．增大　　　　B．减小　　　　C．不变　　　　D．不能确定	
76	用欧姆表测得某电路两端电阻为 0，这说明（　　）。 A．该电路断路　　　　B．该电路短路 C．欧姆表内部没有电池　　D．以上情况都有可能	
77	在下图所示的电路中，电流 I 为（　　）。 A．-3A　　　　B．-1A　　　　C．1A　　　　D．3A	

题号	试题	答案
78	在下图所示的电路中，若以 A 点为参考点，则 X 点的电位为 5V；若以 B 点为参考点，则 X 点的电位为 10V，则 U_{AB} 为（　　）。 A．10V　　　　B．5V　　　　C．-5V　　　　D．都不对	
79	两个阻值均为 555Ω 的电阻，串联时的等效电阻与并联时的等效电阻之比为（　　）。 A．2：1　　　　B．1：2　　　　C．4：1　　　　D．1：4	
80	在下图所示的电路中，能正确反映电流 I_1 和 I 之间关系的式子是（　　）。 A．$I_1 = \dfrac{R_2}{R_1 + R_2} I$　　　　B．$I_1 = \dfrac{R_1 + R_2}{R_2} I$ C．$I_1 = \dfrac{R_1}{R_1 + R_2} I$　　　　D．$I_1 = \dfrac{R_1 + R_2}{R_1} I$	
81	在下图所示的电路中，电压与电流的关系为（　　）。 A．$U = -E - IR$　　B．$U = E - IR$　　C．$U = -E + IR$　　D．$U = E + IR$	
82	两个额定电压相同的电阻串联接在电路中，与阻值较小的电阻发热相比阻值较大的电阻发热（　　）。 A．相同　　　　B．较多　　　　C．较少　　　　D．不确定	
83	当参考点改变时，电路中的电位差就会（　　）。 A．变大　　　　B．变小　　　　C．不变化　　　　D．无法确定	
84	在下图所示的电路中，E_1=20V，E_2=10V，内阻不计，R_1=20Ω，R_2=10Ω，则该电路中 A 点的电位是（　　）。 A．5V　　　　B．10V　　　　C．15V　　　　D．20V	
85	在下图所示的电路中，已知：R_1=14Ω，R_2=9Ω，当开关打到位置 1 时，A_1 表的读数为 0.2A，当开关打到位置 2 时，A_2 表的读数为 0.3A，则电源电动势为（　　）。 A．2V　　　　B．3V　　　　C．5V　　　　D．6V	

题号	试题	答案
86	在下图所示的电路中，当滑动变阻器滑片 P 向 A 端滑动时，电流表和电压表的示数变化情况是（　　）。 A．电流表示数变大，电压表示数变大 B．电流表示数变大，电压表示数变小 C．电流表示数变小，电压表示数变大 D．电流表示数变小，电压表示数变小	
87	在下图所示的电路中，当开关 S 闭合时，L_1 和 L_2 均不亮。某同学用一根导线查找电路故障，他先用导线把 L_1 短接，发现 L_2 亮，L_1 不亮；再用该导线把 L_2 短接，发现 L_1、L_2 均不亮。由此可判断（　　）。 A．L_1 断路　　　　　　　　B．L_2 断路 C．开关断路　　　　　　　　D．电源断路	
88	如下图所示，已知 $E=3V$，$R_1=20\Omega$，$R_2=30\Omega$，$R_3=1\Omega$，$R_4=2\Omega$，电阻的额定功率均为 0.25W，电路长时间工作可能烧坏的电阻是（　　）。 A．R_1　　　　　　　　　　B．R_2 C．R_3　　　　　　　　　　D．R_4	
89	L_1、L_2、L_3 三个小灯泡串联在电路中，L_1 最亮，L_3 最暗，则（　　）。 A．通过 L_1 的电流最大 B．通过 L_2 的电流最大 C．能过 L_3 的电流最大 D．通过它们的电流一样大	
90	在下图所示的电路中，将 L_1、L_2 两个小灯泡串联在电路中，开关闭合后，发现 L_1 亮，L_2 不亮，发生这种现象的原因是（　　）。 A．L_2 的灯丝断了或接触不良 B．两个小灯泡比较，通过 L_2 灯丝的电流小 C．两个小灯泡比较，L_2 灯丝的电阻太大 D．两个小灯泡比较，L_2 灯丝的电阻太小	

题号	试题	答案
91	在下图所示的电路中，电源的内电阻 r 不能忽略，其电动势 E 小于电容 C 的耐压值。先闭合开关 S，待电路稳定后，再断开开关 S，则在电路再次达到稳定的过程中，下列说法中正确的是（　　）。 A. 电阻 R_1 两端的电压增高 B. 电容 C 两端的电压降低 C. 电源两端的电压增高 D. 电容 C 上所带的电量减少	
92	一个阻值为 R 的定值电阻与一个最大阻值为 $2R$ 的滑动变阻器串联接入电路，电源电压保持不变，当滑动变阻器接入电路的阻值由零变到最大值时，对于定值电阻（　　）。 A. 电流减为原来的 2/3 B. 电压减为原来的 2/3 C. 在相同时间内消耗的电能变为原来的 1/3 D. 在相同时间内消耗的电能变为原来的 1/9	
93	为使电炉消耗的功率减小到原来的一半，应使（　　）。 A. 电压加倍　　　　　　　　B. 电压减半 C. 电阻加倍　　　　　　　　D. 电阻减半	
94	只有在电路中（　　）确定之后，电流才有正负之分。 A. 各支路电流的实际方向　　B. 各支路电流的正方向 C. 各支路电流的负方向　　　D. 各支路电流的参考方向	
95	三个灯泡的额定电压都为 220V，额定功率分别为 40W、60W 和 100W，将三个灯泡串联在 220V 的电路中，它们的发热量由大到小排列为（　　）。 A. 100W，60W，40W　　　　B. 40W，60W，100W C. 100W，40W，60W　　　　D. 60W，100W，40W	
96	在下图所示的电路中，将 L_1、L_2 两个额定电压相同的灯泡串联在电路中，闭合开关 S 后，发现 L_1 亮，L_2 不亮。对此有下列几种猜想，其中正确的是（　　）。 ① L_2 的灯丝断了，灯座未短路。 ② L_2 的电阻太小。 ③ L_2 两端的电压较大。 ④ 通过 L_1、L_2 的电流不等。 ⑤ L_2 的灯座被短路。 ⑥ L_1、L_2 的额定功率不同。 A. ①　　　B. ①③⑥　　　C. ③④　　　D. ②⑤⑥	

题号	试题	答案
97	下图所示为某同学研究串联电路中的电流、电压特点的实物连接图,当开关闭合时,L_1 亮,L_2 不亮,电流表和电压表均有读数,故障原因是(　　)。 A. L_1 断路　　　　　　　　　　B. L_1 短路 C. L_2 断路　　　　　　　　　　D. L_2 短路	
98	小明按如图甲所示的电路进行实验,当开关闭合后,V_1 和 V_2 的指针位置完全一样,如图乙所示,造成这一现象的原因是(　　)。 A. L_1 可能开路 B. L_2 可能短路 C. V_1 和 V_2 所选量程可能不相同,L_1 短路 C. V_1 和 V_2 所选量程可能不相同,电路各处完好	
99	下图所示为复杂电路中的某一部分回路,其回路中各电路参数及方向已设定,下面列出的回路电压表达式正确的是(　　)。 A. $I_1R_1-I_3R_2-I_4R_3=-E_1-E_2$ B. $I_1R_1-I_2R_2-I_3R_3=E_1+E_2$ C. $I_1R_1+I_3R_2+I_4R_3=E_1+E_2$ D. $I_1R_1-I_3R_2-I_4R_3=E_1+E_2$	
100	如下图所示,当开关 S 闭合时,下列电源供电电流 I 和 ab 两端的电压 U_{ab} 变化情况正确的是(　　)。 A. I 增大,U_{ab} 减小　　　　　B. I 减小,U_{ab} 增大 C. I 增大,U_{ab} 增大　　　　　D. I 减小,U_{ab} 减小	

题号	试题	答案
101	实验电路如下图所示,电源电压不变,闭合开关S,L₁、L₂均发光。一段时间后,一个灯泡突然熄灭,电流表和电压表的示数都不变,出现这一现象的原因可能是(　　)。 A. L₁断路　　B. L₂断路　　C. L₁短路　　D. L₂短路	
102	在下图所示的电路中,A点的电位为(　　)V。 A. -5　　B. 5　　C. -10　　D. 10	
103	在下图所示的电路中,A点的电位为(　　)V。 A. 7　　B. -7　　C. 15　　D. -15	
104	已知电源电动势为100V,内阻为2Ω,负载电阻为18Ω,这时电源释放的功率为(　　)。 A. 45W　　B. 450W　　C. 50W　　D. 500W	
105	有两根同种材料的电阻丝,长度之比为1:2,截面积之比为2:3,则它们的电阻之比为(　　)。 A. 1:2　　B. 2:3　　C. 3:4　　D. 4:5	
106	已知$R_1>R_2>R_3$,若将这三个电阻并联接在电压为U的电源上,则获得最大功率的电阻的阻值是(　　)。 A. R_1　　B. R_2　　C. R_3　　D. R_1和R_2	
107	已知$R_1>R_2>R_3$,若将这三个电阻并联接在电压为U的电源上,获得最小功率的电阻的阻值是(　　)。 A. R_3　　B. R_2　　C. R_1　　D. R_1和R_2	
108	若加在电阻上的电压为U,则该电阻消耗的功率为1W,现在将电压增大1倍,则该电阻消耗的功率为(　　)。 A. 4W　　B. 3W　　C. 2W　　D. 1W	
109	若加在电阻上的电压为U,则该电阻上消耗的功率为0.5W,现在将电压增大1倍,则该电阻消耗的功率为(　　)。 A. 1W　　B. 2W　　C. 3W　　D. 4W	
110	伏安法测电阻,如下图所示,电压表的读数为10V,电流表的读数为0.2A,电流表的内阻为5Ω,则待测电阻R的阻值为(　　)。 A. 50Ω　　B. 90Ω　　C. 48Ω　　D. 45Ω	
111	有两个电阻串联,$R_1=2R_2$,若阻值为R_2的电阻的功率为10W,则阻值为R_1的电阻的功率是(　　)。 A. 5W　　B. 10W　　C. 15W　　D. 20W	

题号	试题	答案
112	在下图所示的电路中，$R_1 = R_2 = R_3 = R_4 = 20\Omega$，则 A、B 两点间的等效电阻为（　　）。 A. 5Ω　　　　B. 10Ω　　　　C. 2Ω　　　　D. 40Ω	
113	在下图所示的电路中，$R_1 = 10k\Omega$，$R_2 = 5k\Omega$，$R_3 = 6k\Omega$，$R_4 = 3k\Omega$，$R_5 = 20k\Omega$，则等效电阻 $R_{AB} =$（　　）。 A. $36k\Omega$　　　B. $5k\Omega$　　　C. $10k\Omega$　　　D. $5.6k\Omega$	
114	某电路，开路时测得其端电压为 3V，短路时测得其短路电流为 10A，则该电路电动势及内电阻分别为（　　）。 A. 30V，0.3Ω　　B. 3V，0.3Ω　　C. 30V，3Ω　　D. 3V，3Ω	
115	如下图所示，闭合开关 S，发现照明灯没有正常发光，用电压表测量电阻两端的电压，发现电压不为零，产生该现象的原因可能是（　　）。 A. 开关 S 断路　　　　　　　　B. 照明灯两端未加额定电压 C. 照明灯额定功率太小　　　　D. 照明灯断路	
116	在下图所示的电路中，当开关 K 断开时，A、B 两端的电压 U_{AB} 为（　　）。 A. 0V　　　　B. 2V　　　　C. -2V　　　　D. 50V	
117	在下图所示的电路中，当开关 K 断开和闭合时，a、b 两点间的电阻 R_{ab} 和 c、b 两点间的电压 U_{cb} 分别为（　　）。 A. 40Ω、15V；30Ω、10V　　　B. 20Ω、30V；30Ω、30V C. 40Ω、30V；30Ω、15V　　　D. 15Ω、30V；40Ω、10V	

题号	试题	答案
118	将某根导线均匀拉长到原来的 10 倍，其电阻变为 100Ω，则这根导线原来的电阻为（　　）。 A．1Ω　　B．10Ω　　C．1×10^3Ω　　D．1×10^4Ω	
119	导体中的电流 I = 3.2mA，10min 内通过导体截面的电荷量为（　　）。 A．0.032 C　　B．1.92 C　　C．0.192 C　　D．3.2 C	
120	灯泡 A 为"6V/12W"，灯泡 B 为"9V/12W"，灯泡 C 为"12V/12W"，它们在各自的额定电压下工作，以下说法正确的是（　　）。 A．3 个灯泡一样亮　　　　B．流过 3 个灯泡的电流相同 C．3 个灯泡的电阻相同　　D．灯泡 C 最亮	
121	连续点亮一个 25W 的灯泡，消耗 1kW·h 电所用时间为（　　）。 A．2.5h　　B．4h　　C．25h　　D．40h	
122	将一根阻值为 R 的均匀导体截成等长的 4 段后合并使用，它的阻值为（　　）。 A．$\dfrac{R}{16}$　　B．$\dfrac{R}{2}$　　C．$\dfrac{R}{4}$　　D．$4R$	
123	标有"220V/100W""220V/40W"的两个白炽灯，串接到 220V 的交流电源上，它们的功率之比是（　　）。 A．2∶5　　B．2.5∶1　　C．$\dfrac{1}{2}:\dfrac{1}{5}$　　D．5∶2	
124	R_1 和 R_2 为两个串联电阻的阻值，已知 $R_1 = 4R_2$，若阻值为 R_1 的电阻消耗的功率为 1W，则阻值为 R_2 的电阻消耗的功率为（　　）。 A．5W　　B．20W　　C．0.25W　　D．4W	
125	把阻值为 1Ω 的电阻丝均匀拉长为原来的 2 倍，并接到电压为 4V 的电路中，此时通过它的电流是（　　）。 A．0.5A　　B．1A　　C．2A　　D．4A	
126	在下图所示的电路中，等效电阻 R_{AB} 等于（　　）。 A．1Ω　　B．4Ω　　C．2Ω　　D．6Ω	
127	电池的内阻为 0.2Ω，电源的端电压为 1.4V，电路的电流为 0.5A，则电池电动势和负载电阻分别为（　　）。 A．1.5V，2.8Ω　　B．1V，2.5Ω　　C．1.5V，2Ω　　D．1V，2.8Ω	
128	把一个标有"220V/100W"字样的白炽灯接在 110V 电压下工作，实际功率为（　　）。 A．100W　　B．50W　　C．25W　　D．200W	
129	某大楼在对照明灯进行节能改造后，总功率从 20kW 降为 4kW，若按每月 200h 用电时间计算，每月可以减少用电（　　）kW·h。 A．8.0×10^2　　B．4.0×10^3　　C．3.2×10^3　　D．3.2×10^6	
130	在下图所示的电路中，电源电动势 E = 10V，内电阻 r = 1Ω，要使 R_P 获得最大功率，则 R_P 的阻值应为（　　）。 A．0.5Ω　　B．1Ω　　C．1.5Ω　　D．0Ω	

题号	试题	答案
131	某同学为了验证电阻定律，做了如下实验：将阻值为 R 的金属导体的长度均匀地拉伸一倍，此时进行测量，导体的阻值变为原来的（　　）。 A. 2 倍　　　B. 4 倍　　　C. 1/2 倍　　　D. 1/4 倍	
132	如果在 2min 内导体中通过 120C 的电荷量，那么导体中的电流为（　　）。 A. 2A　　　B. 1A　　　C. 20A　　　D. 120A	
133	电路如下图（a）所示，电路伏安特性曲线如下图（b）所示，当开关 S 断开后，串联电路的等效电阻是（　　）。 A. 10Ω　　　B. 15Ω　　　C. 20Ω　　　D. 25Ω	
134	电源开路电压为 12V，短路电流为 30A，则内阻为（　　）。 A. 0.4Ω　　　B. 0.1Ω　　　C. 4Ω　　　D. 都不对	
135	在某电阻两端的电压为 12V 时，电流为 2A；当电流为 3A 时，该电阻两端的电压为（　　）。 A. 9V　　　B. 24V　　　C. 18V　　　D. 36V	
136	在下图所示的电路中，电源电动势 $E_1 = E_2 = 6V$，内电阻不计，$R_1 = R_2 = R_3 = 3Ω$，则 A、B 两点间的电压为（　　）。 A. 0V　　　B. -3V　　　C. 6V　　　D. 3V	
137	一段有源电路如下图所示，电流由 B 流向 A，则 A、B 两端的电压 U_{AB} 为（　　）。 A. -12V　　　B. -6V　　　C. 6V　　　D. 12V	
138	有一个电阻，当其两端加 50mV 电压时，电流为 10mA；当其两端加 10V 电压时，电流为（　　）。 A. 1A　　　B. 3A　　　C. 2A　　　D. 4A	
139	在下图所示的电路中，$R_1 = 2Ω$，$R_2 = 3Ω$，$E = 6V$，电动势内阻不计，$I = 0.5A$，当电流从 D 点流向 A 点时，则 U_{AC} 为（　　）。 A. 7V　　　B. 5V　　　C. 4V　　　D. 6V	

题号	试题	答案
140	某导体两端的电压为100V，流过的电流为2A；当两端的电压降为50V时，导体电阻应为（　　）。 A. 100Ω　　B. 50Ω　　C. 20Ω　　D. 10Ω	
141	在下图所示的电路中，电源电压 $U=6V$，若使电阻 R 上的电压 $U_1=4V$，则其阻值应为（　　）。 A. 2Ω　　B. 4Ω　　C. 6Ω　　D. 8Ω	
142	在下图所示的电路中，C 点的电位是（　　）。 A. 28V　　B. 12V　　C. 0V　　D. −12V	
143	$R_1=300Ω$，$R_2=200Ω$，两个电阻并联后的总电阻为（　　）。 A. 150Ω　　B. 300Ω　　C. 500Ω　　D. 120Ω	
144	阻值分别为 R_1、R_2 的两个电阻并联，等效电阻为（　　）。 A. $1/R_1+1/R_2$　B. R_1-R_2　C. $R_1R_2/(R_1+R_2)$　D. $(R_1+R_2)/R_1R_2$	
145	在下图所示的电路中，A、B 两点间的等效电阻 R_{AB} 为（　　）。 A. 12Ω　　B. 24Ω　　C. 36Ω　　D. 48Ω	
146	在下图所示的电路中，A、B 两点间的等效电阻 R_{AB} 为（　　）。 A. 22Ω　　B. 24Ω　　C. 34Ω　　D. 16Ω	
147	在下图所示的电路中，a、b 两端的等效电阻 R_{ab} 在开关 K 断开与闭合时分别为（　　）。 A. 10Ω，10Ω　　B. 10Ω，8Ω　　C. 10Ω，16Ω　　D. 8Ω，10Ω	

题号	试题	答案
148	在下图所示的电路中,等效电阻 R_{ab} 为(　　)。 A. 2Ω　　B. 4Ω　　C. 5Ω　　D. 7Ω	
149	两个电阻串联,$R_1:R_2=1:2$,总电压为60V,U_1 的大小为(　　)。 A. 10V　　B. 20V　　C. 30V　　D. 都不对	
150	在下图所示的电路中,$U_{AB}=-2V$,A 点的电位为(　　)。 A. 6V　　B. 8V　　C. -2V　　D. 10V	
151	在下图所示的电路中,已知 $R_1=R_2=R_3=1k\Omega$,$U_s=2V$,则电流 I 等于(　　)。 A. 0.5mA　　B. 1mA　　C. 2mA　　D. 3mA	
152	已知空间中有 a、b 两点,电压 $U_{ab}=10V$,a 点电位为4V,b 点电位为(　　)。 A. 6V　　B. -6V　　C. 14V　　D. 都不对	
153	在下图所示的电路中,流过阻值为 2Ω 的电阻的电流 I 是(　　)。 A. 0A　　B. 2A　　C. 3A　　D. 6A	
154	将额定电压为220V的灯泡接在110V的电源上,灯泡的功率是在额定电压下工作的功率的(　　)。 A. 2倍　　B. 4倍　　C. 1/2　　D. 1/4	
155	一个电阻在两端加15V电压时,流过的电流为3A;若在两端加18V电压,则流过的电流为(　　)。 A. 1A　　B. 3A　　C. 3.6A　　D. 5A	
156	若将一根电阻为 R 的导线均匀拉长至原来的4倍,则电阻变为(　　)。 A. $4R$　　　　　　　　　　B. $16R$ C. $\dfrac{1}{4}R$　　　　　　　　D. $\dfrac{1}{16}R$	

题号	试题	答案
157	一根铜导线长 $L=2000\text{m}$，截面积 $A=1.5\text{mm}^2$，已知铜的电阻率 $\rho=1.75\times10^{-8}\Omega\cdot\text{m}$，则这根导线的电阻为（　　）$\Omega$。 A. 47.1　　　　　　　　　　　　B. 23.3 C. 38.9　　　　　　　　　　　　D. 73.1	
158	三个阻值相等的电阻串联时的总电阻是并联时总电阻的（　　）倍。 A. 6　　　　　　　　　　　　B. 9 C. 3　　　　　　　　　　　　D. 4	
159	某电饭锅内有 $R_0=44\Omega$、$R=2156\Omega$ 两根电热丝，将这两根电热丝接入电路，如下图所示，当开关S接"2"挡时，电路中的电流大小是（　　）。 A. 4A　　　　B. 5A　　　　C. 6A　　　　D. 8A	
160	某电饭锅内有 $R_0=44\Omega$、$R=2156\Omega$ 两根电热丝，将这两根电热丝接入电路，如下图所示，当S接"2"挡并通电100s时，电路产生的热量是（　　）。 A. $1.1\times10^5\text{J}$　　　　　　　　B. $2.2\times10^5\text{J}$ C. $1.1\times10^4\text{J}$　　　　　　　　D. $2.2\times10^4\text{J}$	
161	某导线长为5m，电阻为 2Ω，将它对折后并起来使用，它的电阻为（　　）。 A. 0.5Ω　　　B. 1Ω　　　C. 2Ω　　　D. 4Ω	
162	某一用电设备标有"6V/3W"字样，用电流表测得此时流过它的电流是300mA，则在1min内该用电设备实际产生的热量是（　　）。 A. 180J　　　B. 108J　　　C. 1.8J　　　D. 64.8J	
163	教学楼里有一台标有"220V/2kW"字样的热水器，它持续加热且正常工作2min消耗的电能是（　　）。 A. $2.4\text{kW}\cdot\text{h}$　　　　　　　　B. $1.2\text{kW}\cdot\text{h}$ C. $2.0\text{kW}\cdot\text{h}$　　　　　　　　D. $0.067\text{kW}\cdot\text{h}$	
164	已知电炉丝的电阻是 44Ω，通过的电流是5A，则该电炉丝两端的电压是（　　）V。 A. 110　　　B. 220　　　C. 140　　　D. 240	
165	相同材料制成的两个均匀导体的长度之比为 3:5，截面积之比为 4:1，则其电阻之比为（　　）。 A. 12:5　　　B. 3:20　　　C. 7:6　　　D. 20:3	
166	1.4Ω 的电阻接在内阻为 0.2Ω、电动势为 1.6V 的电源两端，此时电阻上流过的电流是（　　）。 A. 1A　　　B. 1.4A　　　C. 1.6A　　　D. 1.5A	
167	某电阻上的参数标注为"221"，则该电阻的阻值为（　　）。 A. 22Ω　　　B. 220Ω　　　C. 221Ω　　　D. $221\text{k}\Omega$	
168	某电阻上的参数标注为"4R7K"，则该电阻的阻值为（　　）。 A. 4.7Ω　　　B. 7Ω　　　C. $4.7\text{k}\Omega$　　　D. $7\text{k}\Omega$	

题号	试题	答案
169	电位器可以用来改变收音机的音量，小红买了一个电位器，其电路如下图所示。如果把它与灯泡串联起来，就可以利用它改变灯泡的亮度。现想实现滑动触点顺时针转动，灯泡变暗，下列连接方法正确的是（　　）。 A．连接 A、C 两端　　　　B．连接 B、C 两端 C．连接 A、B 两端　　　　D．以上都不正确	
170	某贴片电阻上的参数标注为"222"，该电阻的阻值为（　　）。 A．22Ω　　B．2200Ω　　C．222Ω　　D．222kΩ	
171	某电阻标注字样为"100Ω/5W"，则该电阻的额定电压是（　　）V。 A．22.4　　B．500　　C．5　　D．150	
172	47(1±1%)kΩ电阻的色环为（　　）。 A．黄-紫-橙-金　　　　B．黄-紫-黑-橙-棕 C．黄-紫-黑-红-棕　　D．黄-橙-黑-橙-棕	
173	若某贴片电阻的阻值为5.1kΩ，则上面的标号应该为（　　）。 A．511　　B．512　　C．513　　D．5R1	
174	电阻按照封装形式可分为（　　）。 A．贴片电阻、插件电阻　　B．水泥电阻、功率电阻 C．色环电阻、标码电阻　　D．固定电阻、可调电阻	
175	一个色环电阻的色环为"红-黑-黑-橙-棕"，其阻值为（　　）。 A．200Ω　　B．20kΩ　　C．200kΩ　　D．220kΩ	
176	下列贴片电阻封装正确的是（　　）。 A．0805　　B．SOT-23　　C．3211　　D．2500	
177	如下图所示，错误的回路电压方程是（　　）。 A．$R_1I_1+R_3I_3-R_2I_2=0$　　B．$R_4I_4-R_5I_5-R_3I_3=0$ C．$R_1I_1+R_4I_4-R_5I_5-R_2I_2=0$　　D．$R_2I_2+R_5I_5+R_6I_6+E=0$	
178	电路如下图所示，其节点数、支路数、回路数及网孔数分别为（　　）。 A．2，5，3，3　　　　B．3，6，4，6 C．2，4，6，3　　　　D．1，3，5，7	

题号	试题	答案
179	下列说法错误的是（　　）。 A．所谓支路就是由一个或几个元件首尾连接构成的无分支电路 B．所谓节点就是三条或三条以上支路连接的点 C．所谓回路就是任意的闭合电路 D．所谓节点就是两条或两条以上支路连接的点	
180	电路如下图所示，求电阻R中流过的电流I最少需要列几个方程（　　）。 A．1个回路电压方程 B．1个节点电流方程，2个回路电压方程 C．2个节点电流方程，2个回路电压方程 D．1个节点电流方程，4个回路电压方程	
181	基尔霍夫第二定律即回路电压定律，是指沿电路中任一闭合回路绕行一周，各段电压的代数和恒等于（　　）。 A．1　　　　B．0　　　　C．电源电压　　D．∞	
182	某电路有4个节点和9条支路，采用支路电流法求解各支路电流时应列出的电流方程和电压方程的个数分别为（　　）。 A．3，4　　　B．3，7　　　C．2，5　　　D．2，6	
183	在下图所示的电路中 $I=$（　　）A。 A．2　　　　B．7　　　　C．5　　　　D．8	
184	在下图所示的电路中 $E=$（　　）V。 A．3　　　　B．4　　　　C．−4　　　　D．−3	
185	某电路有3个节点和7条支路，在采用支路电流法求解各支路电流时，应列出的电流方程和电压方程的个数分别为（　　）。 A．3，4　　　B．4，3　　　C．2，5　　　D．4，7	
186	下列关于基尔霍夫定律的说法中错误的是（　　）。 A．基尔霍夫第一定律又叫节点电流定律 B．基尔霍夫第二定律又叫回路电压定律 C．基尔霍夫第一定律表达式为 $\sum I=0$ D．基尔霍夫第一定律表达式为 $\sum U=0$	

题号	试题	答案
187	在用支路电流法解题时若电路中有 3 条支路，2 个节点，则要列出（　　）个独立方程。 A. 1　　　　B. 2　　　　C. 3　　　　D. 以上都可以	
188	在电路中，任意一瞬时流向某一节点的电流之和应（　　）由该节点流出的电流之和。 A. 大于　　　B. 小于　　　C. 等于　　　D. 上述说法都不对	
189	如下图所示，下面论述正确的是（　　）。 A. 该电路独立的 KCL 方程有 4 个 B. 该电路独立的 KVL 方程有 2 个 C. 该电路有 4 个节点 D. 利用回路电流法求解该电路，需要列出 4 个独立回路电流方程	
190	下列说法错误的是（　　）。 A. 在电路节点处，各支路电流参考方向可以任意设定 B. 基尔霍夫电流定律可以扩展应用于任意假定的封闭面 C. 基尔霍夫电压定律可以应用于任意闭合路径 D. $\sum I=0$ 式中各电流的正负号与事先任意假定的各支路电流方向无关	
191	下列直流电桥平衡条件中错误的是（　　）。 A. 对角线上电阻通过电流为 0 B. 相对桥臂电阻的乘积相等 C. 4 个电阻的阻值要满足一定条件 D. 相邻桥臂电阻的乘积相等	
192	电池串联，可以实现（　　）。 A. 电压不变，容量增加　　B. 电压增加，容量不变 C. 电压减小，容量增加　　D. 电压减小，容量减小	
193	电池并联，可以实现（　　）。 A. 电压不变，容量增加　　B. 电压增加，容量不变 C. 电压减小，容量增加　　D. 电压减小，容量减小	
194	负载电阻从电源获得最大输出功率的条件是（　　）。 A. $R>r$　　B. $R<r$　　C. $R=r$　　D. $R=4r$	
195	下列设备中一定为电源的是（　　）。 A. 发电机　　B. 冰箱　　C. 配电柜　　D. 白炽灯	
196	用国家规定的标准图形符号表示电路连接情况的图称为（　　）。 A. 电路模型　　B. 电路图　　C. 电路元件　　D. 电路符号	
197	当阻抗匹配时，下列电路的特点不正确的是（　　）。 A. 负载获得最大的输出功率　　B. 电源的效率为 50% C. 电流和端电压都是最大的　　D. 电源输出功率最大	
198	电路中的电流没有经过负载形成的闭合回路称为（　　）。 A. 通路　　B. 开路　　C. 短路　　D. 断路	

题号	试题	答案
199	负载或电源两端被导线连接在一起的状态称为（　　）。 A．通路　　　B．开路　　　C．短路　　　D．断路	
200	下列元器件不能直接接在电源两端的是（　　）。 A．用电设备　B．电压表　　C．电流表　　D．电阻	
201	原则上，零电位点可以任意选择。但在实际应用中，对电气设备常选取（　　）作零电位点。 A．电源正极　B．电源负极　C．设备外壳　D．中性线	
202	原则上，零电位点可以任意选择。但在电子技术电路中，常选取（　　）作零电位点。 A．大地　　　B．电源负极　C．电源正极　D．很多元器件的公共点	
203	电场力在单位时间内所做的功称为（　　）。 A．功耗　　　B．功率　　　C．电功率　　D．耗电量	
204	当参考点改变时，电路中的电位差会（　　）。 A．变大　　　B．变小　　　C．不变化　　D．无法确定	
205	一个实际电源的电压随着负载电流的减小将（　　）。 A．降低　　　B．升高　　　C．不变　　　D．稍微降低	
206	有一个色环电阻的色环按顺序排列分别为绿色、棕色、棕色、金色，则该电阻的阻值和允许误差是（　　）。 A．510Ω，±5%　　　　　B．510Ω，±2% C．470Ω，±5%　　　　　D．470Ω，±2%	
207	进行导线连接的主要目的是（　　）。 A．增加机械强度 B．提高绝缘强度 C．增加导线长度或分接支路 D．使导线美观	
208	下列用电设备中，利用电流热效应工作的是（　　）。 A．电冰箱　　B．电视　　　C．电熨斗　　D．电动机	
209	7股芯线的导线在进行一字形连接时应先将导线按（　　）股分成三组，再沿顺时针方向紧密缠绕。 A．2、2、3　　　　　　B．1、1、5 C．1、3、3　　　　　　D．3、3、1	
210	直流电的频率是（　　）Hz。 A．0　　　　　B．50　　　　　C．60　　　　　D．100	
211	为扩大电压表的量程，下列说法正确的是（　　）。 A．可通过串联电阻分压的方法 B．可通过串联电阻分流的方法 C．可通过并联电阻分流的方法 D．可通过并联电阻分压的方法	
212	导线的中间接头采用铰接时，应先在中间互铰（　　）圈。 A．2　　　　　B．1　　　　　C．3　　　　　D．4	
213	导线接头连接不紧密，会造成接头（　　）。 A．绝缘不够　B．发热　　　C．不导电　　D．虚焊	
214	当导线接头缠绝缘胶布时，后一圈要压住前一圈胶布宽度的（　　）。 A．1/2　　　　B．1/3　　　　C．1/4　　　　D．1	

题号	试题	答案
215	如下图所示,电压表内阻 R_V=200kΩ,电流表内阻 R_A=0.5Ω,在用伏安法测量 R=5Ω 的电阻时,正确的接法和理由是（　　）。 接法一　　　接法二 A. 采用接法一,电压测量较准确　　B. 采用接法一,电阻测量较准确 C. 采用接法二,电流测量较准确　　D. 采用接法二,电阻测量较准确	
216	由于没有合适的电流表,现在需要扩大电流表的量程,应在表头线圈上加入（　　）。 A. 串联电阻　　B. 并联电阻　　C. 混联电阻　　D. 都不是	
217	两个电阻并联在电路中,其阻值分别为 R_1=8Ω,R_2=2Ω,欲使这两个电阻消耗的功率相等,下列办法中可行的是（　　）。 A. 用一个阻值为 2Ω 的电阻与阻值为 R_2 的电阻串联 B. 用一个阻值为 6Ω 的电阻与阻值为 R_2 的电阻串联 C. 用一个阻值为 6Ω 的电阻与阻值为 R_1 的电阻并联 D. 用一个阻值为 2Ω 的电阻与阻值为 R_1 的电阻并联	
218	为使测量结果更准确,选择的电压表和电流表的内阻应（　　）。 A. 电压表、电流表的内阻均大 B. 电压表、电流表的内阻均小 C. 电压表的内阻大,电流表的内阻小 D. 电压表的内阻小,电流表的内阻大	
219	指针式万用表的优劣主要看（　　）。 A. 灵敏度的高低　　　　　B. 功能的多少 C. 量程的大小　　　　　D. 是否能测电容	
220	在使用万用表测量直流电流和电压时,电流表和电压表与被测电路的连接方式分别为（　　）。 A. 串联,串联　　　　　B. 串联,并联 C. 并联,串联　　　　　D. 并联,并联	
221	单相有功电能表（俗称火表）可以用来测量（　　）。 A. 电功　　B. 电功率　　C. 电压　　D. 电流强度	
222	某万用表的直流电压量程有 1V,10V,15V,25V,100V,500V 等。现在要用该万用表测量手机充电器输出电压是否正常,应选择的电压量程是（　　）。 A. 1V　　B. 10V　　C. 25V　　D. 100V	
223	指针式万用表不能用来测量（　　）。 A. 电压　　B. 电流　　C. 电阻　　D. 频率	
224	用指针式万用表正确测量了一个阻值为 6kΩ 的电阻后,需要继续测量一个阻值大约为 50Ω 的电阻。在用红表笔、黑表笔接触这个电阻之前,以下哪些操作步骤是必需的？请选择并正确排序（　　）。 ① 调节调零旋钮使表针指向欧姆零点。 ② 把量程选择开关旋转到"×1K"挡。 ③ 把量程选择开关旋转到"×10"挡。 ④ 调节表盘下中间部位的调零螺钉,使表针指零。 ⑤ 将红表笔和黑表笔接触。 A. ③⑤①　　B. ③①⑤　　C. ①②③④⑤　　D. ③④⑤②①	

题号	试题	答案
225	下列说法中正确的是（　　）。 A. 用指针式万用表测量电流时，黑表笔电位高 B. 用指针式万用表测量电压时，黑表笔电位高 C. 用指针式万用表测量电阻时，红表笔电位高 D. 用指针式万用表测量电阻时，黑表笔电位高	
226	数字式万用表测量电流的步骤如下： a. 断开电路的电源。 b. 把黑表笔插入 COM 插孔，红表笔插入 mA 插孔。 c. 把旋钮开关设定在 mA。 d. 要选择交流或直流电流测量功能挡，按蓝色按钮。 e. 断开将要测量的电路，黑表笔接低电位端，红表笔接高电位端。 f. 闭合电路的电源，读出显示读数，记下测量单位。 g. 断开电源，拆下仪表的连接并复原。 测量电流的正确步骤应该是（　　）。 　A. abdcfeg　　　B. abcdefg　　　C. bcdefga　　　D. abcfedg	
227	在精确测量阻值较小的电阻时可用（　　）来测量。 　A. 欧姆表　　　B. 绝缘电阻表　　C. 电桥　　　D. 万用表	
228	在选择电压表时，其内阻（　　）被测负载的电阻为好。 　A. 远大于　　　B. 远小于　　　C. 等于　　　D. 约等于	
229	指针式万用表电压量程为 2.5V，是指当指针指在（　　）位置时电压值为 2.5V。 　A. 1/2 量程　　B. 满量程　　　C. 2/3 量程　　　D. 1/3 量程	
230	以下使用万用表的注意事项正确的是（　　）。 A. 在测量电阻前要进行机械调零 B. 在测量电阻完毕时，转换挡位后不必进行欧姆调零 C. 测量完毕，转换开关应位于最大电流挡 D. 在测量电阻时，最好使指针处于标尺左边的位置	
231	可以用来测量交直流电压、电流和电阻的便携式仪表称为（　　）。 　A. 万用表　　　B. 兆欧表　　　C. 钳形表　　　D. 接地电阻表	
232	螺丝刀按种类可分为（　　）。 A. 木柄螺丝刀和塑料柄螺丝刀两种 B. 一字形和十字形两种 C. 大、中、小三种 D. 红色、绿色和蓝色三种	

1.2 节答案可扫描二维码查看。

1.3 直流电路填空题

题号	试题	答案
1	某闭合回路的电源电动势 $E=3V$，内阻 $r=1\Omega$，负载电阻 $R_L=9\Omega$，则该电路的电流 $I=$_____A。	
2	电流的方向规定为_____电荷定向运动的方向。	
3	某灯泡上标有"220V/40W"字样，表明该灯泡在 220V 电压下工作时，功率是_____W。	
4	部分电路欧姆定律反映了电流、_____、电阻三者之间的关系。	
5	电路中电位的高低随_____的改变而变化。	
6	电荷的基本单位是_____。	
7	全电路欧姆定律，是指电流的大小与电源的_____成正比，与电源内部电阻和负载电阻之和成反比。	
8	1A 等于_____mA。	
9	在理想条件下，电动势和电压的关系为数值相等，_____相反。	
10	有一个包括电源和外电路电阻的简单闭合电路，当外电阻加倍时，通过的电流为原来的 2/3，则外电阻与电源内电阻之比为_____。	
11	_____是用来表示元件对电流呈现的阻碍作用大小的物理量。	
12	教室内的照明电路采用的是_____联电路。	
13	若电路中一个阻值为 300Ω 的电阻烧坏，那么可以用一个阻值为 100Ω 的电阻和一个阻值为_____Ω 的电阻串联替换。	
14	有两个电阻，已知 $R_1:R_2 = 1:2$，若它们在电路中串联，则流过两个电阻的电流比 $I_1:I_2 =$_____。	
15	有两个电阻，已知 $R_1:R_2 = 1:2$，若它们在电路中串联，则两个电阻上的电压比 $U_1:U_2 =$_____。	
16	节日彩灯电路中如果有一个彩灯坏了，那么所有彩灯都将不亮，这说明彩灯之间一定是_____联。	
17	5 个 10Ω 的电阻串联时的总电阻为_____Ω。	
18	5 个 10Ω 的电阻并联时的总电阻为_____Ω。	
19	在电路中，并联电阻可起到_____作用。	
20	在电路中，串联电阻可起到_____作用。	
21	已知电阻 R_1 的阻值为 6Ω，电阻 R_2 的阻值为 9Ω，将这两个电阻串联接在电压恒定的电源上，通过 R_1、R_2 的电流之比为_____。	
22	在计算电路中各点电位时，与路径的选择_____关。	
23	下图所示为典型的伏安法测电阻的实验电路，当滑片 P 向右移动时，Ⓐ表和Ⓥ表的变化为Ⓐ表示数变_____，Ⓥ表示数变_____。	

题号	试题	答案
24	在下图所示的电路中，当开关 K 断开时，电阻 R_1 与电阻 R_2 是_____联的。当开关 K 闭合时，电压表的示数将_____（选填"变小"、"不变"或"变大"）。	
25	测得一个太阳能电池板的开路电压为 800mV，短路电流为 40mA。若将该电池板与一个阻值为 20Ω 的电阻连成一个闭合电路，则电池板两端的电压是_____V。	
26	在电路中，a 点的电位为正，说明 a 点电位_____于参考点。	
27	某礼堂有 40 个白炽灯，每个白炽灯的功率为 100W，所有白炽灯点亮 2h，消耗的电能为_____。	
28	有两个电阻，当它们串联时总电阻是 10Ω，当它们并联时总电阻是 2.4Ω，则这两个电阻的阻值分别是 4Ω 和_____Ω。	
29	已知电阻 R_1 的阻值为 6Ω，电阻 R_2 的阻值为 9Ω，将这两个电阻串联接在电压恒定的电源上，电阻 R_1、电阻 R_2 消耗的功率之比为_____。	
30	已知电阻 R_1 的阻值为 6Ω，电阻 R_2 的阻值为 9Ω，将这两个电阻并联接在电压恒定的电源上，通过电阻 R_1、电阻 R_2 的电流之比为_____。	
31	电路如下图所示，已知 R_1=20Ω，R_2=40Ω，R_3=60Ω，E=6V，则 a 点的电位 V_a=_____V。	
32	将额定电压为 220V 的灯泡接在 110V 电源上，灯泡的功率是在额定电压下工作的功率的_____。	
33	将一根导线均匀拉长至原长度的 3 倍，则该导线的阻值为原来的_____倍。	
34	实验电路如下图所示，将电路处于表中所列状态时的电压值填入表中。 	所求电压	S_1、S_2 断开	S_1 闭合，S_2 断开	S_1、S_2 闭合
---	---	---	---
U_{AB}					

题号	试题	答案
35	实验电路如下图所示,将电路处于表中所列状态时的电压值填入表中。 | 所求电压	S_1、S_2断开	S_1闭合,S_2断开	S_1、S_2闭合 | |---|---|---|---| | U_{BC} | | | |	
36	实验电路如下图所示,将电路处于表中所列状态时的电压值填入表中。 | 所求电压	S_1、S_2断开	S_1闭合,S_2断开	S_1、S_2闭合 | |---|---|---|---| | U_{CD} | | | |	
37	实验电路如下图所示,将电路处于表中所列状态的电压值填入表中。 | 所求电压	S_1、S_2断开	S_1闭合,S_2断开	S_1、S_2闭合 | |---|---|---|---| | U_{DA} | | | |	
38	若3min内通过导体截面的电荷量是1.8C,则导体中流过的电流为_____A。	
39	电池的内电阻是0.2Ω,外电路上的电压是1.8V,电路中的电流是0.2A,则电池的电动势是_____V。	
40	电池的内电阻是0.2Ω,外电路上的电压是1.8V,电路中的电流是0.2A,则外电路的电阻是_____Ω。	
41	在下图所示的电路中,a、b端的等效电阻R_{ab} = _____Ω。	
42	在下图所示的电路中,a、b端的等效电阻R_{ab} = _____Ω。	

题号	试题	答案
43	四色环电阻的第 4 色环的含义是该电阻阻值允许的_____等级。	
44	压敏电阻常用在_____电压保护电路中。	
45	为防止电源出现短路故障，通常要在电路中安装_____。	
46	五色环电阻的色环为"绿-棕-黑-红-棕"，其阻值为_____ kΩ。	
47	四色环电阻的色环为"蓝-灰-金-银"，其阻值为_____ Ω。	
48	一个四色环电阻第 1 环～第 3 环分别为白色、棕色、黑色，其标称阻值为_____ Ω。	
49	一个四色环电阻第 1 环～第 3 环分别为绿色、棕色、黑色，其标称阻值为_____ Ω。	
50	一个四色环电阻第 1 环～第 3 环分别为棕色、蓝色、红色，其标称阻值为_____ kΩ。	
51	一个四色环电阻第 1 环～第 3 环（第 4 环是常见的金色）分别为红色、紫色、红色，则该电阻的标称阻值为_____ kΩ。	
52	下图是_____电阻的电路符号。	
53	有一个四色环电阻如下图所示，其阻值为_____ Ω。	
54	有一个五色环电阻如下图所示，其阻值的误差为_____%。	
55	如下图所示，某电表 G 的满偏电流 I_g=100μA，内阻 r_g=1kΩ，若加 10V 的电压 U，电表 G 满偏，则电路中串联电阻的阻值 R=_____ Ω。	
56	三条或三条以上支路汇聚的连接点称为_____点。	
57	下图所示电路中有_____条支路。	

题号	试题	答案
58	下图所示电路中有_____个节点。	
59	下图所示电路中有_____个回路。	
60	下图所示电路中有_____个网孔。	
61	应用基尔霍夫定律，若求出某支路电流是正值，则表明该支路电流的实际方向与参考方向相同；若求出某支路电流是负值，则表明该支路电流的实际方向与参考方向_____。	
62	在电路中任意一个节点的电流的_____和恒等于零。	
63	基尔霍夫电流定律指出：在电路中任一时刻，流出（或流入）任一节点或封闭面的各支路电流的_____和为零。	
64	基尔霍夫电压定律指出：在电路中任一时刻，沿任一回路绕行一周，各元件的_____代数和为零。	
65	支路电流法是计算_____直流电路最基本的方法。	
66	在电桥平衡时，桥支路电流为_____。	
67	在电桥中，桥支路两端的电位_____。	
68	若电池并联，则可以提高直流电源的输出_____。	
69	若电池串联，则可以提高直流电源的输出_____。	
70	采用干电池供电的电子产品，新旧电池_____能够混在一起使用。	
71	在常用电工工具钢丝钳、尖嘴钳、剥线钳和活络扳手中，不具有绝缘套管的是_____。	
72	直流电压表的"+"端接电路的_____电位点。	
73	直流电压表的"-"端接电路的_____电位点。	
74	用电压表测量电源端电压为零，这说明外电路处于_____状态。	
75	在用万用表测量电阻时，万用表内部的电路可以等效为一个直流电源（一般为电池）、一个电阻和一个表头相串联，两个表笔分别位于此串联电路的两端。现需要测量万用表内电池的电动势，给定的器材有待测万用表、量程为60mA	

题号	试题	答案
75	的电流表、电阻箱、若干导线。在实验时，将万用表调至"×1"挡，调好零点；电阻箱置于适当数值。仪器连线如下图所示（a 和 b 是万用表的两个表笔），若两个电表均正常工作，则表笔 a 为_____（选填"红"或"黑"）色。	

1.3 节答案可扫描二维码查看。

模块二

交流电路

2.1 交流电路判断题

题号	试题	答案
1	我国交流电网的频率是 50Hz。	
2	通常所说的照明电 220V 是指交流电的最大值。	
3	初相就是 $t=0$ 时正弦交流电的相位。	
4	两个同频率的正弦交流电，若 i_1 超前 $i_2\dfrac{\pi}{2}$，则称 i_1 和 i_2 正交。	
5	在纯电感电路中电流和电压的最大值、有效值、瞬时值都满足欧姆定律。	
6	若两个正弦交流电对称，则其相位差为 π。	
7	正弦交流电在正半周期内的平均值等于其最大值的 $\dfrac{3\pi}{2}$ 倍。	
8	两个正弦交流电的相位差就是它们的初相之差。	
9	若两个正弦交流电正交，则其相位差为 π。	
10	有效值的矢量在横轴上的投影是该时刻正弦量的瞬时值。	
11	正弦交流电的三要素为瞬时值、角频率、相位。	
12	正弦交流电的三要素是交流电的最大值、交流电的角频率、交流电的初相。	
13	用交流电压表测得交流电的数值是指有效值。	
14	正弦交流电的三要素为平均值、角频率、初相。	
15	用交流电压表测得交流电压是 220V，则此交流电压的最大值是 $220\sqrt{3}$ V。	
16	相位差在数值上等于两个同频率的交流电的初相之差。	
17	反相是指两个同频率交流电的相位差为 180°。	
18	交流电的电流或电压在变化过程中的任一瞬间有确定的大小和方向，该值叫作交流电该时刻的瞬时值。	
19	正弦交流电的三要素是指它的最大值、角频率、相位。	
20	在任何交流电路中，最大值都是有效值的 $\sqrt{2}$ 倍。	
21	正弦量的初相与起始时间的选择有关，相位差与起始时间的选择无关。	
22	我们平时所用的交流电压表、交流电流表测得的数值都是有效值。	
23	正弦交流电的周期与角频率的关系是互为倒数。	
24	正弦交流电的周期与频率的关系是互为倒数。	
25	$\omega = 2\pi/T = 2\pi f$。	

题号	试题	答案
26	正弦交流电的有效值与最大值的关系：有效值 = $\dfrac{最大值}{\sqrt{2}}$。	
27	正弦交流电压的有效值 $U = 0.707U_m$。	
28	正弦交流电压的平均值 $U_P = 0.637U_m$。	
29	正弦交流电压的有效值 $U = 0.637U_m$。	
30	有两个频率和初相不同的正弦交流电压 u_1 和 u_2，若它们的有效值相同，则最大值也相同。	
31	正弦交流电中的角频率就是该交流电的频率。	
32	交流电流表和交流电压表测量所得的值都是有效值。	
33	让交流电和直流电分别通过阻值相同的电阻，如果在相同的时间内这两种电流产生的热量相等，我们就把此直流电的数值定义为该交流电的有效值。	
34	若用旋转矢量的长度表示交流电的最大值，则矢量在纵轴上的投影等于交流电的瞬时值。	
35	用瞬时值表示交流电的大小非常合适。	
36	正弦交流电的三要素是周期、频率和最大值。	
37	交流电在 1s 内完成周期性变化的次数叫作周期，用 T 表示。	
38	在单位时间内交流电电角度的变化量称为频率。	
39	我国发电厂输出的正弦交流电的频率为 50Hz，习惯上称为"工频"。	
40	用万用表测得交流电的数值是平均数。	
41	频率不同的两个正弦交流电存在相位差。	
42	220V 直流电与有效值为 220V 的交流电的热效应是一样的。	
43	220V 直流电与有效值为 220V 的交流电的作用是一样的。	
44	在用相量图或波形图及解析式求交流电的和与差时要求交流电必须是同频率的。	
45	$u_1 = 10\sin(\omega t + \pi/3)\text{V}$，$u_2 = \sin(\omega t + 2\pi/3)\text{V}$，则 u_1 和 u_2 的相位关系为 u_1 超前 u_2。	
46	$u_2 = 311\sin(628t + 60°)\text{V}$，其中 60° 表示初相。	
47	交流电 $u = 220\sqrt{2}\sin 100\pi t\text{V}$ 的最大值是 220V。	
48	只有同频率的正弦交流电的矢量才可以画在同一个相量图上进行分析。	
49	频率不同的正弦交流电可以在同一相量图中画出。	
50	解析法是用三角函数式来表示正弦交流电随时间变化的关系。	
51	波形图法可以表示正弦交流电的瞬时值随时间变化的关系。	
52	交流电压 $u = 100\sin(314t - \pi/4)\text{V}$ 的初相是 $-\pi/4$。	
53	纯电容电路在相位关系上，电流滞后于电压 $\dfrac{\pi}{2}$。	
54	对于 RLC 串联电路，若 $U_L < U_C$，则电路呈电感性。	
55	RLC 串联电路在发生串联谐振时，电路呈电阻性，总电压与电流反相。	
56	RLC 电路的 Q 值越高，通频带越宽，选择性越好。	
57	电感性电路是指电压滞后电流 $\dfrac{\pi}{2}$ 的电路。	
58	纯电阻单相正弦交流电路中的电压与电流的瞬时值遵循欧姆定律。	

题号	试题	答案
59	感抗为 X_L 的线圈与容抗为 X_C 的电容串联,其总电抗是 $X = X_L + X_C$。	
60	在 RLC 串联电路中,若 $X_L = 10\Omega$,$X_C = 5\Omega$,则该电路为电容性电路。	
61	在 RLC 串联电路中,总电压是电容和电感两端的电压的 Q 倍。	
62	RLC 串联电路在发生谐振时,电抗为 0,感抗和容抗也为 0。	
63	在纯电容电路中,电流超前电压 $\dfrac{\pi}{2}$,意味着先有电流后有电压。	
64	交流电路在处于串联谐振状态时,阻抗最大,电流最小。	
65	在 RLC 串联的电阻性电路中,电感和电容上的无功功率均为 0,功率因数为 1。	
66	RL 串联电路的电压三角形的三个边分别是 U_R、U_L、U。	
67	RLC 串联电路的功率三角形的三个边分别是 P、Q_L、Q_C。	
68	RL 串联电路和 RC 串联电路的性质均为电容性。	
69	在同一交流电流作用下,电感 L 越大,电感中的电流越小。	
70	在纯电容电路中,电流超前于电压。	
71	在直流电路中,电容视为短路,电感视为开路。	
72	在正弦交流电路中,当电容元件两端的电压最大时,流经电容的电流也最大。	
73	在纯电感电路中,有功功率为 0,功率因数为 0。	
74	电感性电路是指电压超前电流 $\dfrac{\pi}{2}$ 的电路。	
75	在纯电容电路中,电容两端的电压和流过电容的电流的相位关系是电压超前电流 $\dfrac{\pi}{2}$。	
76	纯电容电路两端的电压的初相为 $-90°$,则电路中电流的初相为 $0°$。	
77	在纯电阻电路中,端电压与电流的相位差为零。	
78	电阻与电容相串联,流过电容的电流超前于流过电阻的电流 $90°$。	
79	RLC 串联电路中的端电压与电流的相位关系由 R、L、C 的大小决定。	
80	电阻上的电压、电流的初相一定都是零,所以它们是同相的。	
81	电阻与电容相串联,流过电容的电流滞后于流过电阻的电流 $90°$。	
82	电阻上的电压、电流的初相一定不都是零,所以它们是同相的。	
83	在能够通过低频信号的交流电路中,电容、电感与负载的连接关系为电容与负载并联,电感与负载串联。	
84	在 RLC 串联电路中,若 $X_L > X_C$,则该电路为电感性电路。	
85	在纯电容电路中,电路的无功功率等于瞬时功率的平均值。	
86	交流电路的阻抗随电源频率的升高而增大,随电源频率的下降而减小。	
87	在 $f = 50\text{Hz}$ 的交流电路中,若感抗 $X_L = 314\Omega$,则电感 $L = 2\text{H}$。	
88	在 RLC 串联电路中,感抗和容抗的数值越大,电路中的电流越小。	
89	电感、电容相串联,$U_L = 120\text{V}$,$U_C = 80\text{V}$,则总电压为 200V。	
90	在 RLC 串联电路中,容抗和感抗的数值越大,电路中的电流就越小,电流与电压的相位差越大。	
91	在串联谐振时,感抗等于容抗,此时电路中的电流最大。	

题号	试题	答案
92	串联谐振又称电压谐振，可在电路元件上产生高电压，故在电力电路中不允许出现串联谐振。	
93	无功功率与视在功率的比值叫作功率因数。	
94	在串联谐振时，电感和电容两端将出现过电压现象，因此也把串联谐振称为电压谐振。	
95	在 RLC 串联电路中，若电路参数 R、L、C 确定，则电路的谐振频率 f_0 和品质因数 Q 就确定了。	
96	在 RLC 串联电路中，U_R、U_L 或 U_C 的数值有可能大于端电压。	
97	不能用欧姆定律表示纯电感电路中电压和电流的瞬时值关系。	
98	交流电路中存在电感、电容，因此电压和电流的相位关系会受到影响。	
99	容抗的大小和电源频率成反比，和电容的容量成反比。	
100	感抗的大小和电源频率成正比，和线圈的电感成反比。	
101	电感是储能元件，不消耗电能，其有功功率为零。	
102	在 RLC 串联电路中，X 称为电抗，是感抗和容抗共同作用的结果。电抗类似于直流电路中电阻对电流的阻碍作用。	
103	在 RLC 串联电路中，电抗 X 的值决定电路的性质。	
104	在 RLC 串联电路中，阻抗角 φ 的大小取决于电路参数 R、L、C 和 f。	
105	在广播通信中，既要考虑选择性，又要考虑通频带，因此 Q 要选得恰当、合理。	
106	一个线圈的电阻为 R，电感为 L，将该线圈接到正弦交流电路中，线圈的阻抗 $Z = R + X_L$。	
107	一个线圈的电阻为 R，电感为 L，将该线圈接到正弦交流电路中，线圈两端的电压 $U = IZ$。	
108	可以通过合理使用用电设备和并联补偿电容来提高功率因数。	
109	某交流电路的功率因数 $\cos\varphi = 1$，说明该电路中只有电阻性元件。	
110	电路功率因数的大小由负载的性质决定。	
111	在纯电阻电路中，因为电阻是耗能元件，所以其无功功率为 0，功率因数为 1。	
112	在电感性负载两端并联电容，电路的功率因数一定会提高。	
113	公式 $P = UI\cos\varphi$，$Q = UI\sin\varphi$，$S = UI$ 适用于任何单相正弦交流电路。	
114	正弦交流电路中的无功功率其实就是无用功率。	
115	在日光灯两端并联适当容量的电容，可以提高整个电路的功率因数。	
116	无功功率的单位是伏安（VA）。	
117	无功功率的概念可以理解为这部分功率在电路中不起任何作用。	
118	视在功率既不是有功功率又不是无功功率，它是交流电路中电压和电流的乘积。	
119	在纯电感正弦交流电路中，电感的瞬时功率变化的频率与电源的频率相同。	
120	电感在正弦交流电路中，消耗的有功功率等于零。	
121	电感式镇流器的日光灯既消耗有功功率，又消耗无功功率。	
122	在交流电路中，电压有效值和电流有效值的乘积称为视在功率，视在功率的单位是 W。	
123	一个线圈的电阻为 R，电感为 L，将该线圈接到正弦交流电路中，电路的功率 $P = UI$。	

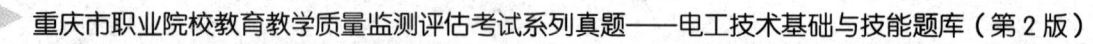

题号	试题	答案
124	日光灯与镇流器串联接在 220V 交流电源上，若测得日光灯的电压为 110V，则镇流器所承受的电压也为 110V。	
125	在下图所示的电路中，在日光灯两端并联一个电容，能提高电路的功率因数。若此时日光灯的功率不变，并联电容后流过日光灯的电流 i_R 将不变。	
126	将一个额定电压为 220V、额定功率为 100W 的灯泡接在电压最大值为 311V、输出功率为 2000W 的交流电源上，灯泡会烧坏。	
127	电阻、电感并联，$I_R = 3A$，$I_L = 4A$，则总电流为 5A。	
128	在下图所示的三相对称电路中，三相交流电源的相电压 U_{ps} 为 220V，$Z = 38\Omega$，则负载的相电流 I_{pL} 为 10A。	
129	三相负载采用三角形连接方法时必须有中性线。	
130	在三相四线制供电系统中，中性线上不能安装保险丝和开关。	
131	若需要使相电压与线电压相等，则三相电源应采用星形接法。	
132	相线俗称中性线。	
133	目前我国以三相三线制供电方式为主。	
134	三相负载采用星形接法，电路中的线电压 U_L 都等于负载相电压 U_{YP} 的 $\sqrt{2}$ 倍。	
135	为保证用电安全，中性线必须安装保险丝和开关。	
136	在同一电源作用下，同一负载采用三角形连接方法和星形连接的总有功功率相等。	
137	三相负载的相电流就是指电源相线上的电流。	
138	只要负载采用星形连接方法，中性线电流就一定等于零。	
139	在三相三线制星形连接电路中，其中一相负载改变，对其他两相无影响。	
140	在三相四线制供电系统中，可以在支路中性线上安装保险丝和开关。	
141	三相负载在采用星形连接方法时，必须有中性线。	
142	因为三相电源的线电压与三相负载的连接方法无关，所以线电流的大小也与三相负载的连接方法无关。	
143	额定电压为 220V 的三相电动机线圈绕组在 380V 三相交流电路中只能连接成星形。	
144	在同一电源作用下，同一负载作三角形连接和作星形连接时的总功率相等。	
145	三相异步电动机和三相变压器都是三相电路中的对称负载。	
146	在三相四线制电路中，无论负载是否对称，负载的相电压都是对称的。	
147	当负载的额定电压等于电源的线电压时，三相负载应连接成星形。	
148	某台电动机每个绕组的额定电压是 220V，现有线电压为 380V 的三相电源，若将该电动机与电源连接则这台电动机绕组应连接成星形。	

模块二 交流电路

题号	试题	答案
149	在三相四线制供电系统中,室内的相线上不能安装保险丝和开关。	
150	在同一个电源中,负载作三角形连接时的相电压是作星形连接时的相电压的 $\sqrt{3}$ 倍。	
151	三相电动机的电源线的接线方式可以采用三相三线制,而三相照明电路的接线方式必须采用三相四线制。	
152	三相电路作星形连接时,三相负载越接近对称,中性线电流越大。	
153	同一对称三相负载在同一电源作用下,星形连接时的相电流是三角形连接时的相电流的 3 倍。	
154	三相负载作星形连接时,总有 $U_L = \sqrt{3}U_P$ 关系成立。	
155	三相用电设备在正常工作时,加在各相上的端电压等于电源的线电压。	
156	有人说,三相对称负载在作三角形连接时,线电流是相电流的 $\sqrt{3}$ 倍,这种说法是错误的。	
157	对称三相交流电任一瞬时值之和恒等于零,有效值之和恒等于零。	
158	三相电源作星形连接时,由各相首端向外引出的输电线俗称火线,由各相尾端公共点向外引出的输电线俗称中性线,这种供电方式称为三相四线制。	
159	对称三相负载采用星形接法接在电路中,线电压超前于与其对应的相电压 30°。	
160	中性线的作用就是使不对称星形连接三相负载的端电压保持对称。	
161	三相四线制供电电路中的中性线的作用是保证负载不对称时的相电流对称。	
162	为保证中性线可靠,中性线上不能安装保险丝和开关,且中性线应比相线粗。	
163	交流电的最大值在热效应方面与直流电相等。	
164	若两个正弦交流电正交,则其相位差为 180°。	
165	两个正弦交流电的相位差就是它们的初相之差。	
166	我们通常所说的交流电压 220V 或 380V,是指交流电压的最大值是 220V 或 380V。	
167	在一般情况下,照明用交流电电压的有效值是 220V,最大值是 380V。	
168	三相对称电源接成三相四线制的目的是向负载提供两种电压,在低压配电系统中,标准的线电压为 380V,相电压为 220V。	
169	三相不对称负载在进行星形连接时,为了使各相电压保持对称,必须采用三相四线制供电。	
170	在三相电路的星形连接中,在电源和负载都对称的情况下,线电压与相电压的数值关系为线电压是相电压的 $\sqrt{3}$ 倍。	
171	在三相电路的三角形连接中,线电压恒等于相电压。两个线电流为两个相电流的矢量差,当电源和负载都对称时,线电流在数值上为相电流的 3 倍。	
172	三相星形连接不对称负载在无中性线的情况下,当某相负载开路或短路时负载大的相的电压变低;如果接上中性线,三相电压趋于平衡。	
173	有中性线的三相供电方式称作三相四线制,常用于低压配电系统。	
174	不引出中性线的三相供电方式称作三相三线制,一般用于高压输电系统。	
175	相线间的电压就是相电压。对于市电而言,相电压为 220V。	
176	在三相四线制电网中,任意一根相线与中性线间的电压称为相电压。	
177	在三相四线制电网中,相线与中性线间的电压叫作线电压。	
178	在三相四线制电网中,三根相线中任意两根相线间的电压称为线电压。对于市电而言,线电压是 380V。	

题号	试题	答案
179	三相负载作星形连接时,线电流大于相电流。	
180	三相负载作三角形连接时,线电压小于相电压。	
181	采用三角形连接的三相负载也可连接为星形。	
182	三相电源的三相绕组末端连接而成的公共端点叫作中性点,用字母 N 表示。	
183	三相电源的中性线一般是接地的,所以中性线又称地线。	
184	照明电路的负载接法为不对称接法,必须采用三相四线制供电线路,中性线不能省去。	
185	三相电路的有功功率在任何情况下都可以用电能表直接测量。	
186	视在功率就是无功功率加上有功功率。	
187	在配电盘上,一般用绿色标出 U 相,黄色标出 V 相,红色标出 W 相。	
188	三相交流电源是由频率、振幅、相位都相同的三个单相交流电源按一定方式组合而成的。	
189	三个频率相同、振幅相同、相位彼此相差 120° 的电源构成了三相交流电源。	
190	三相对称电动势任一瞬间的代数和为零。	
191	额定电流为 100A 的发电机若只接了 60A 的照明负载,则余下的 40A 电流就损失了。	
192	三相电动势达到最大值的先后次序叫作相序。	
193	同学们在使用绝缘电阻表测量电气设备的绝缘性时,可以一人单独进行。	
194	在一般情况下,对于低压设备和线路,绝缘电阻应不低于 0.5MΩ,照明线路应不低于 0.22MΩ。	
195	国家规定标准的相色标志 V 相为绿色。	
196	国家规定标准的相色标志 V 相为红色。	
197	国家规定标准的相色标志 V 相为蓝色。	
198	国家规定标准的相色标志 W 相为黄色。	
199	国家规定标准的相色标志 W 相为绿色。	
200	国家规定标准的相色标志 W 相为红色。	
201	国家规定标准的相色标志 W 相为蓝色。	
202	国家规定标准的相色标志 W 相为黄绿间色。	
203	国家规定标准的相色标志中性线 N 为黄色。	
204	国家规定标准的相色标志中性线 N 为绿色。	
205	国家规定标准的相色标志中性线 N 为红色。	
206	国家规定标准的相色标志中性线 N 为蓝色。	
207	国家规定标准的相色标志中性线 N 为黑色。	
208	国家规定标准的相色标志中性线 N 为黄绿间色。	
209	国家规定标准的相色标志地线为黄色。	
210	国家规定标准的相色标志地线为绿色。	
211	国家规定标准的相色标志地线为红色。	
212	国家规定标准的相色标志地线为蓝色。	
213	国家规定标准的相色标志地线为黑色。	

题号	试题	答案
214	国家规定标准的相色标志地线为黄绿间色。	
215	在正弦交流电路中，用小写字母 i 表示电流的有效值，用大写字母 I 表示电流的瞬时值。	
216	在电压相同的情况下，无论是测直流电还是测交流电，试电笔的氖管发光情况是一样的。	
217	在使用钳形电流表时，钳口的两个接触面应接触良好，不得有杂质。	
218	在用万用表测电阻时必须断电，在用绝缘电阻表（摇表）测电阻时不必断电。	
219	使用绝缘电阻表（兆欧表）时，摇动手柄的速度不宜太快或太慢，一般规定为120r/min。	
220	绝缘电阻表的接线柱有两个，即 L 柱和 G 柱。	
221	绝缘电阻表的刻度是不均匀的。	
222	绝缘电阻表的标度尺是反向标度的，在不工作时，指针应停在标度尺的右端。	
223	绝缘电阻表和钳形电流表均可以在线路不断电的情况下进行测量。	
224	万用表只能用来测量交/直流电流、电压，电阻，不能用来测量电功率和电容。	
225	如下图所示，在单相电路中，钳形电流表在只卡住一根导线时指示的电流就是所测导线的实际工作电流。	
226	如下图所示，在单相电路中，钳形电流表在卡住两根导线时指示的电流就是两根导线的实际工作电流。	
227	在用钳形电流表测量三相平衡负载电流时，在钳口中放入两相导线时的指示值与放入一相导线时的指示值不相等。	
228	在用钳形电流表测量三相平衡负载电流时，在钳口中放入两相导线时的指示值与放入一相导线时的指示值相等。	
229	如下图所示，单相有功电能表的正确接线是 1 号端子接电源相线，3 号端子接电源中性线，2 号端子和 4 号端子接负载。	

题号	试题	答案
230	如下图所示，单相有功电能表接线时，按照1号端子、2号端子接电源，3号端子、4号端子负载，将电能表正确地连接到电路中，确保其能够正常工作。	
231	开关可以控制电源中性线，也可以控制电灯亮灭，从而能够保证安全。	
232	在安装电气线路时，应根据使用对象选用相应规格的螺丝刀，可以大带小，不可以小带大，以免损坏元器件。	
233	电工刀的刀口应朝外进行操作，使用完毕随即把刀身折叠放入刀柄。	
234	在剥削绝缘导线的绝缘层时，电工刀的刀面与导线应呈45°倾斜切入，以免损伤导线。	
235	在用钢丝钳剪切带电导线时，可以用刀口同时剪切相线和中性线或两根等电位的导线。	
236	电工钳的钳头应进行防锈处理，轴销处应经常添加机油润滑，以保证使用灵活。	
237	试电笔的金属探头能承受一定的转矩，故能作为螺丝刀使用。	
238	低压试电笔无须在有电设备上试验即可直接进行验电。	
239	低压试电笔在进行验电前必须先在有电设备上试验，在确定试电笔良好后，方可进行验电。	
240	试电笔不可受潮、随意拆装或受到剧烈震动，以保证检验的准确性。	
241	试电笔在使用前一定要在确定有电的电源上检查氖管能否正常发光，以保证检验的准确性。	
242	电能表必须与地面垂直安装，否则将影响电能表计数的准确性。	
243	单相有功电能表有4个接线桩，从左至右的编号分别是1、2、3、4。接线方法一般有以下两种：第一种接法是1、3接进线（1接相线，3接中性线），2、4接出线（2接相线，4接中性线）；第二种接法是1、2接进线（1接相线，2接中性线），3、4接出线（3接相线，4接中性线）。	
244	单相有功电能表有4个接线桩，从左至右的编号分别是1、2、3、4，如下图所示的接线方法是正确的。	

题号	试题	答案
245	单相有功电能表有 4 个接线桩，从左至右的编号分别是 1、2、3、4，如下图所示的接线方法是错误的。	
246	单相有功电能表有 4 个接线桩，从左至右的编号分别是 1、2、3、4，如下图所示的接线方法是错误的。	
247	单相有功电能表有 4 个接线桩，从左至右的编号分别是 1、2、3、4，如下图所示的接线方法是正确的。	
248	某同学绘制的单相有功电能表接线如下图所示，这种接线方法是正确的。	
249	某同学绘制的单相有功电能表接线如下图所示，这种接线方式是错误的。	

题号	试题	答案
250	下图所示为用电工刀剥削导线绝缘层的操作方法，这是错误的。	
251	在使用电压表测量电压时，量程要大于或等于被测线路电压。	
252	有人说，直流电流表也可以用来测量交流电路。	
253	螺丝刀的规格是以它的全长（手柄加旋杆）表示的。	
254	手持式电动工具的接线可以随意加长。	
255	在用试电笔检查线路是否带电时，试电笔氖管发光就说明线路一定有电，试电笔氖管不发光就说明线路一定没有电。	
256	在用万用表测量电阻时，指针指在刻度盘的中间时的测量结果最准确。	
257	电能表是专门用来测量设备功率的仪表。	
258	电工钳、电工刀、螺丝刀是电工常用工具。	
259	在用钳形电流表测量电流时，尽量将导线置于钳口铁芯中间，以减小测量误差。	
260	在测量交流电流时，不必考虑电流表的正负极性。	
261	在测量有容量较大的电容的线路或设备的绝缘电阻时，测量开始前和测量结束后都应对电容进行放电。	
262	钳形电流表使用完毕，一定要将量程开关置于最小量程。	
263	在测量过程中，不得带电切换钳形电流表的量程挡位。	
264	在用兆欧表测量电缆的绝缘电阻时，仪表的G端应接短路环。	
265	斜口钳又称断线钳。	
266	钢丝钳的铡口可以用来剪切钢丝。	
267	可以直接用钢丝钳的钳口剪切钢丝。	
268	不可以直接用钢丝钳的钳口剪切钢丝，应用钢丝钳的铡口剪切钢丝。	
269	螺丝刀分两种，一种是大螺丝刀，另一种是小螺丝刀。	
270	钢丝钳又称老虎钳。	
271	在配电箱中，电源总开关可以垂直安装，也可以水平安装。	
272	照明装置的安装应做到安全、合理、牢固、整齐、美观和便于使用。	
273	照明装置的安装首先应考虑造价，即考虑经济条件；其次应考虑安全。	
274	照明器材的选择应做到安全、经济、适用、可靠。	
275	照明器材的选择应做到经济、耐用，安全可以酌情考虑。	
276	照明装置的安装必须符合实际需要，同时应该满足使用方便、横平竖直、整齐统一、工艺美观的要求。	
277	在安装配电板时，导线剥削长度要合适。线头过短，压接会不牢固；线头过长，铜丝会裸露。	
278	配电板上的走线要横平竖直，各转弯处呈90°。	
279	导线在与平压式接线柱连接时，压接圈的弯制方向必须与螺钉的拧紧方向一致，即沿顺时针方向绕线。	

题号	试题	答案
280	导线在与平压式接线柱连接时，压接圈的弯制方向必须与螺钉的拧紧方向一致，即沿逆时针方向绕线。	
281	导线与家用电器的连接通常采用接线柱压接方式，也可采用铆接和焊接方式。	
282	在照明供电线路中，电线与电线铰接后通常同时采用黄蜡带和黑胶带先后在连接处进行缠绕。	
283	黑胶带与电线的倾角为 55°左右，缠绕时每圈应压一根带宽，一直缠绕到起始位置。	
284	黑胶带与电线的倾角为 55°左右，缠绕时每圈应压半根带宽，一直缠绕到起始位置。	
285	在安装漏电保护器时，要依据标示的电源端和负载端接线不能接反。试验时，可操作试验按钮三次，带负荷分合三次，确认动作正确无误，方可正式投入使用。	
286	下图所示为导线绝缘层恢复的正确步骤及方法。 图（a）　图（b）　图（c）　图（d）	
287	一个开关控制一个灯泡的接线方法是"相线进开关，开关接灯头，灯头接中性线"。	
288	室内照明线路可以采用裸导线。	
289	室内照明线路在布线时应尽量避免导线有接头，若必须有接头，则应先采用压接或焊接法连接，然后用绝缘胶布包缠好。穿在管内的导线不允许有接头，必要时应把接头放在接线盒、开关盒或插座盒内。	
290	在书房照明场景中，为了获得足够的照度需要使灯光直接照射到电脑屏幕上。	
291	家居照明的目的是营造安全、可视和舒适的环境。	
292	在进行室内照明设计时，亮度越高越好。	
293	对于居住建筑中有天然采光的楼梯间、走道的照明，除应急照明外，宜采用节能自熄开关。	
294	熔断器熔断后，在更换熔体的过程中，不允许改变熔体的规格。	
295	在选择照明光源时应考虑各种光源的优缺点、使用场所、额定电压及需要的照度等因素。	
296	在应急情况下，可以使用铜丝代替熔丝。	
297	照明支路不宜同时连接照明灯具和插座。	
298	照明电路应采用漏电保护装置。	
299	住宅楼用户开关箱的总开关应选用双联低压断路器。	

题号	试题	答案
300	在照明电路中，普通家用电器选用双孔插座；当家用电器有金属壳体时，应选用三孔插座。	
301	双孔插座在水平安装时，相线接右孔，中性线接左孔。	
302	双孔插座在水平安装时，中性线接右孔，相线接左孔。	
303	三孔插座下边两个孔是接电源线的，上边的孔是接保护接地线的。	
304	三孔插座下边两个孔是接电源线的，上边的孔是接中性线的。	
305	在进行室内装修时，明装插座和暗装插座的接线规定是一样的。	
306	下图所示为正确的双联开关的控制线路图。	
307	可将单相三孔电源插座的保护接地端（面对插座时的上边的孔）与接零端（面对插座时的左下孔）用导线连接起来，共用一根线。	
308	把电源线接在插座上或插头上也可以为家用电器供电。	
309	螺口灯头的相线应接在灯口中心的舌片上，中性线应接在螺纹口上。	
310	电灯开关应控制电源的相线。	
311	电灯电源线路的中性线应接至螺旋式灯座的螺旋圈接线端子上。	
312	电灯电源线路的中性线应接至螺旋式灯座的中间弹力接线端子上。	
313	经开关控制的电灯电源线路的相线应接至螺旋式灯座的中间弹力接线端子上。	
314	经开关控制的电灯电源线路的相线应接至螺旋式灯座的螺旋圈接线端子上。	
315	下图所示断路器的1、2接电源进线，3、4接电源出线。	
316	下图所示断路器的1、2接电源出线，3、4接电源进线。	

题号	试题	答案
317	下图所示为某同学绘制的单相插座接线示意图，他的描述方法是正确的。	
318	下图所示为某同学依据实物绘制的单相三孔插座（背面）接线图，他的这种接法是错误的。	
319	在现代家居装修中室内普通墙面开关面板的安装高度为135～140cm。	
320	某同学绘制的三芯电源插头接法如下图所示，这种接法是正确的。	
321	下图所示为单相三孔插座的接线示意图，该接线是符合国家规定的。	
322	下图所示为单相三孔插座的接线示意图，该接线是符合国家规定的。	
323	下图所示为单相三孔插座的接线示意图，该接法一定会引起电器外壳带电。	
324	为了保证漏电保护器正常工作，使电路始终处于正常的"被保护"状态，需要经常对此漏电保护器进行试验，即基本每月进行一次在电源控制开关闭合的状态下按动试验按钮的操作，如果能立即跳闸保护，就说明这个漏电保护器是正常的。此时，先按下复位按钮，再闭合电源控制开关即可。	
325	为了有明显区别，室内并列安装的同型号开关应有不同高度，错落有致。	
326	不同电压的插座应有明显区别。	
327	螺口灯泡的金属螺口不应外露，并且应接在相线上。	

题号	试题	答案
328	螺口灯座的顶芯接相线 L 或中性线 N 均可。	
329	当一个开关控制多盏灯时，要注意开关的容量是否容许。	
330	在进行室内装修时，照明开关的安装应与灯具的位置相对应。	
331	照明灯具的开关距地面高度应为 1.2~1.4m。	
332	某同学在做日光灯电路实验时，测得日光灯两端的电压为 110V，镇流器两端的电压为 190V，两电压之和大于电源电压 220V，说明该同学的测量数据有误。	
333	下图所示为某同学绘制的日光灯控制线路图，电路中有一处连接错误。	
334	在安装照明线路时，电源相线可以直接接入灯具，而开关可以控制中性线。	
335	熔断器利用了电流的热效应原理：当电路发生短路时，流经熔断器的电流增大，熔丝过热被烧断，从而切断电路。因此，在更换熔断器时，一定要查看其规格，更换为原来规格型号的熔断器。	
336	漏电保护器是针对总电路进行保护的，断路器是针对某条线路进行保护的。二者的作用是相同的，但作用对象不相同。	
337	下图所示为某同学对照自己安装的电路绘制的日光灯接线图，该接线方法是错误的。	
338	照明线路接线方法如下图所示，开关接在相线上，这样在开关断开后，灯头就不会带电，从而可以保证使用和维修安全。	
339	在安装固定刀开关时，手柄一定要向上，不能平装，更不能倒装，以防拉闸后，手柄由于重力作用而下落，引起误合闸。	
340	在安装固定刀开关时，手柄一定要向下，不能平装，更不能倒装，以防拉闸后，手柄由于重力作用而下落，引起误合闸。	

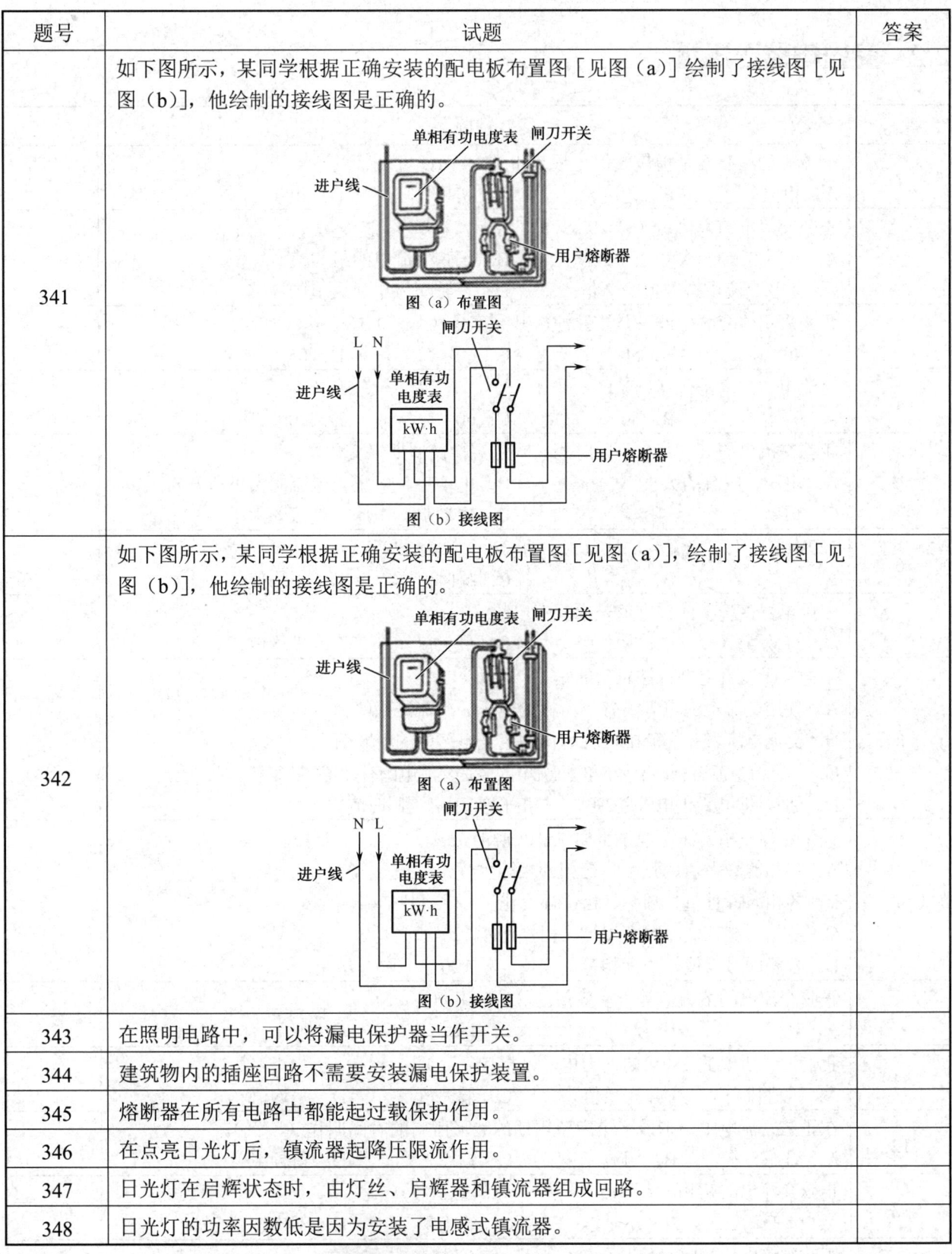

题号	试题	答案
341	如下图所示,某同学根据正确安装的配电板布置图[见图(a)]绘制了接线图[见图(b)],他绘制的接线图是正确的。	
342	如下图所示,某同学根据正确安装的配电板布置图[见图(a)],绘制了接线图[见图(b)],他绘制的接线图是正确的。	
343	在照明电路中,可以将漏电保护器当作开关。	
344	建筑物内的插座回路不需要安装漏电保护装置。	
345	熔断器在所有电路中都能起过载保护作用。	
346	在点亮日光灯后,镇流器起降压限流作用。	
347	日光灯在启辉状态时,由灯丝、启辉器和镇流器组成回路。	
348	日光灯的功率因数低是因为安装了电感式镇流器。	

2.1 节答案可扫描二维码查看。

2.2 交流电路选择题

题号	试题	答案
1	交流电的三要素是指最大值、频率和（　　）。 A．相位　　　　B．角度　　　　C．初相　　　　D．电压	
2	正弦交流电的幅值是（　　）。 A．正弦交流电最大值的2倍　　　B．正弦交流电的最大值 C．正弦交流电有效值的2倍　　　D．正弦交流电最大值的3倍	
3	我国采用的交流电波形是正弦波，其频率是（　　）Hz。 A．40　　　　B．50　　　　C．60　　　　D．65	
4	直流电的频率是（　　）Hz。 A．0　　　　B．50　　　　C．60　　　　D．100	
5	正弦交流电的（　　）不随时间按一定规律做周期性变化。 A．电压、电流的大小　　　　B．电动势、电压、电流的大小和方向 C．频率　　　　D．电动势、电压、电流的大小	
6	220V单相正弦交流电，是指电压的（　　）为220V。 A．有效值　　　B．最大值　　　C．瞬时值　　　D．平均值	
7	家用电器铭牌上的额定值是指交流电的（　　）。 A．有效值　　　B．瞬时值　　　C．最大值　　　D．平均值	
8	下面关于交流电的说法正确的是（　　）。 A．使用交流电的电气设备上所标的电压、电流是指峰值 B．交流电流表和交流电压表测得的值是电路中的瞬时值 C．与交流电流有相同热效应的直流电的值是交流电的有效值 D．通常照明电路的电压是220V，是指平均值而不是瞬时值	
9	关于对称三相交流电源，下面说法正确的是（　　）。 A．各相的最大值、频率、初相都相等 B．各相的瞬时值、频率、相位都变化 C．各相的瞬时值、频率相等，相位互差120° D．各相的最大值、周期相等，相位互差120°	
10	正弦交流电的最大值等于有效值的（　　）倍。 A．$\sqrt{2}$　　　B．2　　　C．1/2　　　D．1	
11	我们通常所说的380V的动力电，是指（　　）。 A．瞬时值　　　B．有效值　　　C．最大值　　　D．平均值	
12	在正弦交流电中，形成一个完整周期的波形所用的时间叫作（　　）。 A．周期　　　B．周波　　　C．频率　　　D．角频率	
13	正弦交流电的初相 $\varphi = -\pi/6$，在 $t=0$ 时瞬时值将（　　）。 A．大于零　　　B．小于零　　　C．等于零　　　D．不确定	
14	正弦交流电流的瞬时值是负值，负号的意义是（　　）。 A．电流是变化的　　　　B．电流的一种记号 C．电流在变小　　　　D．电流的方向与规定的正方向相反	
15	关于交流电的有效值，下列说法正确的是（　　）。 A．最大值是有效值的 $\sqrt{3}$ 倍　　B．有效值是最大值的 $\sqrt{2}$ 倍 C．最大值是平均值的 $\sqrt{2}$ 倍　　D．最大值是有效值的 $\sqrt{2}$ 倍	

题号	试题	答案
16	正弦波的最大值是有效值的（　　）倍。 A. $\dfrac{1}{\sqrt{2}}$　　B. $\sqrt{2}$　　C. $2\sqrt{2}$　　D. 都不对	
17	我国发电厂输出的交流电频率都是 50Hz，习惯上称该频率为（　　）。 A. 工频　　B. 频率　　C. 周期　　D. 都不对	
18	在我国三相四线制供电系统中，任意两根相线之间的电压为（　　）。 A. 相电压，有效值为 380V　　B. 线电压，有效值为 220V C. 线电压，有效值为 380V　　D. 相电压，有效值为 220V	
19	正弦交流电压加在电阻与电容串联的电路上，已知电阻两端的电压 U_R=30V，电容两端的电压 U_C=40V，则电路的总电压为（　　）。 A. 30V　　B. 40V　　C. 50V　　D. 70V	
20	以下各组物理量中，构成正弦量三要素的是（　　）。 A. 周期、频率与角频率　　B. 振幅、角频率与初相 C. 最大值、周期与角频率　　D. 有效值、频率与相位差	
21	交流电流表或电压表指示的数值是（　　）。 A. 平均值　　B. 有效值　　C. 最大值　　D. 最小值	
22	关于交流电的有效值，下列说法正确的是（　　）。 A. 最大值是有效值的 1.732 倍 B. 有效值是最大值的 1.414 倍 C. 最大值为 311V 的正弦交流电压就其热效应而言，相当于一个 220V 的直流电压 D. 最大值为 311V 的正弦交流电可以用 220V 的直流电代替	
23	交流电的周期越长，说明交流电变化得（　　）。 A. 越快　　B. 越慢　　C. 无法判断　　D. 时快时慢	
24	正弦交流电的有效值等于最大值的（　　）。 A. 1/3　　B. 1/2　　C. 2 倍　　D. 0.7	
25	正弦交流电的幅值就是（　　）。 A. 正弦交流电最大值的 2 倍　　B. 正弦交流电最大值的 1 倍 C. 正弦交流电最大值的 1.4 倍　　D. 正弦交流电最大值的 1.7 倍	
26	周期的表示符号和单位分别是（　　）。 A. T, 赫兹　　B. f, 秒　　C. T, 秒　　D. φ, 度	
27	频率的单位是（　　）。 A. 秒　　B. 赫兹　　C. 弧度　　D. 伏特	
28	下列关于正弦交流电最大值的表述中，完全正确的是（　　）。 A. 表示一个交流电压或交流电流的正负值 B. 正峰值与负峰值之间总的电压值或电流值 C. 任意时刻正弦交流电的电压值或电流值 D. 最大值是瞬时值，不能反映交流电的做功能力	
29	下列关于正弦交流电有效值的定义描述完全正确的是（　　）。 A. 能产生同样电能的一个直流值 B. 交流电电气设备上标的额定值及交流电仪表所指示的数值均为有效值 C. 我们通常所说的交流电的电动势、电压、电流的大小均指它的有效值 D. 如果交流电和直流电分别通过同一电阻，两者在相同时间内消耗的电能相等（或产生的焦耳热相同），那么此直流电的数值就叫作交流电有效值的数值	
30	属于正相序的是（　　）。 A. U、V、W　　B. V、U、W　　C. U、W、V　　D. W、V、U	

题号	试题	答案
31	若三相电动势的相序为 U-V-W，则称之为（　　）。 A．负序　　B．正序　　C．零序　　D．反序	
32	从正弦交流电的解析表达式中可以看出交流电的（　　）。 A．最大值　　B．功率　　C．电量　　D．单位	
33	相量图用旋转相量把几个（　　）的交流电画在同一坐标中。 A．不同频率　　B．同频率　　C．同效率　　D．不同效率	
34	对于某正弦交流电，当 $t=0$ 时，最大值 $I_m=2A$，初相为 $30°$，那么电流的瞬时值为（　　）。 A．1A　　B．0.5A　　C．2A　　D．0.707A	
35	当两个同频率正弦交流电的相位差等于π时，它们的相位关系是（　　）。 A．同相　　B．反相　　C．相等　　D．无法确定	
36	已知正弦交流电压为 $u=311\sin\left(314t+\dfrac{\pi}{6}\right)V$，它的有效值、频率和初相分别是（　　）。 A．$U=311V$，$f=-100Hz$，$\varphi=\dfrac{\pi}{6}$ B．$U=220V$，$f=50Hz$，$\varphi=\dfrac{\pi}{6}$ C．$U=311V$，$f=50Hz$，$\varphi=-\dfrac{\pi}{6}$ D．$U=220V$，$f=100Hz$，$\varphi=-\dfrac{\pi}{6}$	
37	已知通过阻值为 2Ω 的电阻的电流 $i=6\sin(314t+45°)A$，当 u 和 i 的参考方向一致时，$u=$（　　）V。 A．$12\sin(314t+30°)$　　B．$12\sqrt{2}\sin(314t+45°)$ C．$12\sin(314t+45°)$　　D．14.5	
38	加在一个感抗是 20Ω 的电感两端的电压是 $u=10\sin(\omega t+30°)V$，则通过它的电流的瞬时值为（　　）A。 A．$i=0.5\sin(2\omega t-30°)$　　B．$i=0.5\sin(\omega t-60°)$ C．$i=0.5\sin(\omega t+60°)$　　D．$i=10\sin(\omega t-60°)$	
39	某正弦电压有效值为380V，频率为50Hz，当 $t=0$ 时，瞬时电压为380V，则电压的瞬时值表达式为（　　）。 A．$u=380\sin 314t$ V　　B．$u=537\sin(314t+45°)$ V C．$u=380\sin(314t+90°)$ V　　D．$u=380\sin(314t+45°)$ V	
40	两个同频率正弦交流电的相位差等于180°，则它们的相位关系是（　　）。 A．同相　　B．反相　　C．相等　　D．正交	
41	相量图如下图所示，该电路呈（　　）。 A．电阻性　　B．电感性 C．电容性　　D．已知条件不足，无法判断	

题号	试题	答案
42	两个正弦交流电解析式分别为 $u_1=100\sin\left(314t+\dfrac{\pi}{2}\right)$V，$u_2=100\sqrt{2}\sin\left(314t-\dfrac{\pi}{2}\right)$V。在这两个表达式中，物理量相同的是（　　）。 A．最大值　　　　　　　　B．有效值 C．周期　　　　　　　　　D．初相	
43	已知工频电压有效值和初始值均为380V，则该电压的瞬时值表达式为（　　）。 A．$u=380\sin314t$ V　　　　B．$u=537\sin(314t+45°)$ V C．$u=380\sin(314t+90°)$ V　　D．无法确定	
44	已知某正弦交流电压的频率为50Hz，初相为30°，有效值为100V，则其瞬时值表达式为（　　）。 A．$u=100\sin(50t+30°)$V　　　B．$u=141.4\sin(50\pi t+30°)$V C．$u=200\sin(100\pi t+30°)$V　　D．$u=141.4\sin(100\pi t+30°)$V	
45	同一相量图中的两个正弦交流电的（　　）必须相同。 A．有效值　　B．初相　　C．频率　　D．最大值	
46	已知$u=100\sqrt{2}\sin\left(314t-\dfrac{\pi}{6}\right)$V，则它的角频率、有效值、初相分别为（　　）。 A．314rad/s，$100\sqrt{2}$V，$-\dfrac{\pi}{6}$　　B．100πrad/s，100V，$-\dfrac{\pi}{6}$ C．50Hz，100V，$-\dfrac{\pi}{6}$　　　D．314rad/s，100V，$\dfrac{\pi}{6}$	
47	$u=5\sin(\omega t+15°)$V 与 $i=5\sin(2\omega t-15°)$A 的相位差是（　　）。 A．30°　　B．0°　　C．-30°　　D．无法确定	
48	在下图所示的相量图中，交流电压$\dot{U}_1$与$\dot{U}_2$的相位关系是（　　）。 A．$\dot{U}_1$比$\dot{U}_2$超前75°　　B．$\dot{U}_1$比$\dot{U}_2$滞后75° C．$\dot{U}_1$比$\dot{U}_2$超前30°　　D．无法确定	
49	已知$i_1=10\sin(314t+90°)$A，$i_2=10\sin(628t+30°)$A，则（　　）。 A．i_1超前$i_2$60°　　　　B．i_1滞后$i_2$60° C．相位差无法判断　　　D．同相	
50	对于正弦交流电的表达式$u=U_m\sin(\omega t+\varphi_0)$，下列说法正确的是（　　）。 A．$U_m$表示电压最大值 B．$U_m$表示瞬时电压值 C．$\omega t$表示初相，单位为弧度 D．$\varphi_0$表示频率，单位为弧度	
51	串联谐振时电路呈纯（　　）性。 A．电阻　　B．电容　　C．电感　　D．电抗	
52	纯电容电路的电压与电流频率相同，电流的相位超前于外加电压（　　）。 A．$\dfrac{\pi}{2}$　　B．$\dfrac{\pi}{3}$　　C．$\dfrac{\pi f}{2}$　　D．$\dfrac{\pi f}{3}$	

题号	试题	答案
53	在电阻、电感、电容串联的交流电路中，电路中的总电流与电路两端的电压的关系是（　）。 A. 电流超前于电压 B. 总电压可能超前于总电流，也可能滞后于总电流 C. 电压超前于电流 D. 电流与电压同相	
54	在电阻、电感、电容串联的交流电路中，当电路中的总电流滞后于电路两端的电压时，有（　）。 A. $X = X_L - X_C > 0$　　　　B. $X = X_L - X_C < 0$ C. $X = X_L = X_C = 0$　　　　D. $X = X_L = X_C$	
55	在纯电感电路中，电感的感抗大小（　）。 A. 与通过线圈的电流成正比 B. 与线圈两端的电压成正比 C. 与交流电频率和线圈本身的电感成正比 D. 与交流电频率和线圈本身的电感成反比	
56	不属于纯电阻元件的是（　）。 A. 白炽灯　　　B. 日光灯　　　C. 电炉　　　D. 变阻器	
57	阻抗的单位是（　）。 A. H　　　　B. F　　　　C. W　　　　D. Ω	
58	在某交流电路中，电流比电压滞后90°，则该电路属于（　）电路。 A. 纯电阻　　　B. 纯电感　　　C. 纯电容　　　D. RLC 串联	
59	在 RC 串联电路中，下列表达式正确的是（　）。 A. $S = P + Q$　　　　　　B. $Z = R + X_C$ C. $U = \sqrt{U_R^2 + U_C^2}$　　　D. $U = U_R + U_C$	
60	纯电阻元件消耗的功率与（　）成正比。 A. 其两端的电压　　　　　B. 其两端的电压的平方 C. 通过该元件的电流　　　D. 通电时间	
61	已知在交流电路中，某元件的阻抗与频率成反比，则该元件是（　）。 A. 电阻　　　B. 电感　　　C. 电容　　　D. 电源	
62	下图所示电路呈现的性质为（　）。 　　　　$R=2Ω$　$X_C=4Ω$　$X_L=6Ω$ A. 电阻性　　　B. 电感性　　　C. 电容性　　　D. 都不是	
63	在 RLC 串联电路中，总电压与总电流的相位差为30°，此时电路呈（　）性。 A. 电感　　　B. 电容　　　C. 电阻　　　D. 无法确定	
64	在 RLC 串联电路中，总电压 $U = 10V$，$U_C = 6V$，$U_L = 4V$，则该电路呈（　）。 A. 电阻性　　　B. 电感性　　　C. 电容性　　　D. 无法确定	
65	在纯电感电路中，满足欧姆定律的关系式为（　）。 A. $I = \dfrac{U_m}{X_L}$　　B. $I = U X_L$　　C. $I_m = \dfrac{U}{X_L}$　　D. $I = \dfrac{U}{X_L}$	
66	在纯电感电路中，电流应为（　）。 A. $i = U / X_L$　　　　　　B. $I = U / L$ C. $I = U / (\omega L)$　　　　D. $I = U / R$	

题号	试题	答案
67	下图所示电路的性质为（　　）。 $X_L=80Ω$　$R=3Ω$ A．电阻性　　　B．电感性　　　C．电容性　　　D．上述三者都不是	
68	在 RLC 串联电路中，下列表达式正确的是（　　）。 A．$U=U_R+U_L+U_C$　　　B．$Z=\sqrt{R^2+X_L^2+X_C^2}$ C．$U=\sqrt{U_R^2+(U_L-U_C)^2}$　　　D．$Z=R+X_L+X_C$	
69	在下图所示的电路中，当 S 闭合时，电路发生串联谐振；当 S 断开时，该电路的性质为（　　）。 A．电阻性　　　B．电感性　　　C．电容性　　　D．不能确定	
70	在纯电容正弦交流电路中，电压有效值不变，当频率增大时，电路中的电流将（　　）。 A．增大　　　B．减小　　　C．不变　　　D．无法确定	
71	在 RLC 串联电路中，只有（　　）属于电感性电路。 A．$R=4Ω$，$X_L=1Ω$，$X_C=2Ω$　　　B．$R=4Ω$，$X_L=0Ω$，$X_C=2Ω$ C．$R=4Ω$，$X_L=3Ω$，$X_C=2Ω$　　　D．$R=4Ω$，$X_L=3Ω$，$X_C=3Ω$	
72	在交流电路中，纯电阻元件两端的电压与电流的关系式是（　　）。 A．$i=u/R$　　　B．$i=U/R$　　　C．$i=U_m/R$　　　D．$I=u/R$	
73	在交流电路中，纯电感元件两端的电压与电流的关系式是（　　）。 A．$i=u/R$　　　B．$I=U/X_L$　　　C．$I_m=U/X_L$　　　D．$I=U/R$	
74	在 RLC 串联电路中，当端电压与电流同相时，下列关系式正确的是（　　）。 A．$\omega L^2C=1$　　　B．$\omega^2 LC=1$　　　C．$\omega LC=1$　　　D．$\omega=LC$	
75	关于 RLC 串联电路，下列说法不正确的是（　　）。 A．阻抗最小，电流最大 B．总电压和总电流同相 C．品质因数越高，通频带越窄 D．电感、电容和电阻上的电压相同，都等于总电压的 Q 倍	
76	在下图所示的电路中，若 $X_L=X_C$，则该电路属于（　　）电路。 A．电阻性　　　B．电容性　　　C．电感性　　　D．无法判定	
77	电路发生串联谐振的条件是（　　）。 A．$Q=\dfrac{\omega_0 L}{R}$　　　B．$f_0=\dfrac{1}{\sqrt{LC}}$ C．$\omega_0=\dfrac{1}{\sqrt{LC}}$　　　D．以上都不对	

题号	试题	答案
78	在 RLC 串联电路发生谐振时，下列说法正确的是（　　）。 A．Q 值越大，通频带越宽 B．端电压是电容两端电压的 Q 倍 C．电路的电抗为零，则感抗和容抗也为零 D．总阻抗最小，总电流最大	
79	对于处于谐振状态的 RLC 串联电路，当电源频率升高时，电路呈（　　）。 A．电感性　　B．电容性　　C．电阻性　　D．无法确定	
80	在纯电感电路中，已知电流初相为 $-60°$，则电压初相为（　　）。 A．$30°$　　B．$60°$　　C．$90°$　　D．$120°$	
81	当正弦电流通过电阻时，下列关系式正确的是（　　）。 A．$i=\dfrac{U_R}{R}\sin\omega t$　　B．$i=\dfrac{U_R}{R}$ C．$I=\dfrac{U_R}{R}$　　D．$i=\dfrac{U_R}{R}\sin(\omega t+\varphi)$	
82	加在容抗为 100Ω 的纯电容两端的电压 $u_C=100\sin\left(\omega t-\dfrac{\pi}{3}\right)$V，则通过该纯电容的电流应是（　　）。 A．$i_C=\sin\left(\omega t+\dfrac{\pi}{3}\right)$A　　B．$i_C=\sin\left(\omega t+\dfrac{\pi}{6}\right)$A C．$i_C=\sqrt{2}\sin\left(\omega t+\dfrac{\pi}{3}\right)$A　　D．$i_C=\sqrt{2}\sin\left(\omega t+\dfrac{\pi}{6}\right)$A	
83	在如图所示的电路中，u_i 和 u_o 的相位关系是（　　）。 A．u_i 超前于 u_o　　B．u_i 和 u_o 同相　　C．u_i 滞后于 u_o　　D．u_i 和 u_o 反相	
84	已知 RLC 串联电路的端电压 $U=20$V，电阻和电感两端的电压分别为 $U_R=12$V，$U_L=16$V，则电容两端的电压 $U_C=$（　　）V。 A．4　　B．32　　C．12　　D．28	
85	在 RLC 串联电路中，若端电压与电流的相量图如下图所示，则这个电路是（　　）。 A．电阻性电路　　B．电容性电路　　C．电感性电路　　D．纯电感电路	
86	纯电感电路的电压与电流频率相同，外加电压的相位超前于电流（　　）。 A．$\dfrac{\pi}{2}$　　B．$\dfrac{\pi}{3}$　　C．$\dfrac{\pi f}{2}$　　D．$\dfrac{\pi f}{3}$	
87	当交流电通过以下负载时，电压波形超前、滞后关系说法正确的是（　　）。 A．电阻　超前　　B．电感　相同　　C．电容　相同　　D．电阻　相同	
88	功率因数的含义是（　　）。 A．视在功率与有功功率之比　　B．有功功率与视在功率之比 C．有功功率与无功功率之比　　D．无功功率与有功功率之比	

题号	试题	答案
89	交流电路的功率因数等于（　　）。 A．有功功率与视在功率之比　　B．瞬时功率与视在功率之比 C．无功功率与视在功率之比　　D．有功功率与无功功率之比	
90	对称三相电路总有功功率 $P=\sqrt{3}U_L I_L \cos\varphi$，式中的 φ 是（　　）。 A．线电压与线电流之间的相位差角 B．相电压与相电流之间的相位差角 C．线电压与相电流之间的相位差角 D．相电压与线电流之间的相位差角	
91	交流电路中提高功率因数的目的是（　　）。 A．增加电路的功率消耗　　B．提高负载的效率 C．增加负载的输出功率　　D．提高电源的利用率	
92	下列说法正确的是（　　）。 A．无功功率是无用的功率 B．无功功率表示电感建立磁场能量的平均值 C．无功功率表示电容建立磁场能量的平均值 D．无功功率表示电感与外电路进行能量交换的瞬时功率的最大值	
93	电感、电容串联的正弦交流电路消耗的有功功率为（　　）。 A．UI　　　　　　　　　　B．$I^2 X$ C．0　　　　　　　　　　　D．都不对	
94	电路负载消耗的有功功率 $P=UI\cos\varphi$，并联合适的电容可以使电路功率因数（　　）。 A．增大　　　　　　　　　B．减小 C．不变　　　　　　　　　D．不能确定	
95	正弦交流电路的视在功率表征了该电路的（　　）。 A．总电压有效值与电流有效值的乘积 B．平均功率 C．瞬时功率最大值 D．平均值	
96	电力配电箱中的功率表用来测量电路中的（　　）。 A．有功功率　　　　　　　B．无功功率 C．视在功率　　　　　　　D．瞬时功率	
97	在同一电源作用下，三相对称负载无论是星形连接还是三角形连接，其有功功率等于（　　）。 A．$P=3U_P I_P \sin\varphi$　　　　B．$P=\sqrt{3}U_L I_L \cos\varphi$ C．$P=3U_L I_L \sin\varphi$　　　　D．$P=\sqrt{3}U_L I_L \sin\varphi$	
98	下列提高供电电路功率因数的说法正确的是（　　）。 A．减少了用电设备中无用的无功功率 B．减少了用电设备的有功功率，提高了电源设备的容量 C．可以节省电能 D．可以提高电源设备的利用率并减少输电线路中的功率损耗	
99	视在功率（总功率）的单位是（　　）。 A．Var　　　B．W　　　C．V·A　　　D．A	
100	无功功率的单位是（　　）。 A．W　　　B．Var　　　C．kW·h　　　D．kVar·h	

题号	试题	答案
101	下图所示为两个同频率的交流电流 i_1 和 i_2，其相位关系为（　　）。 A. i_1 超前 i_2　　　　　　　　B. i_1 滞后 i_2 C. i_1 和 i_2 同相　　　　　　　D. i_1 和 i_2 反相	
102	$u_1 = 380\sqrt{2}\sin\left(\omega t - \dfrac{\pi}{3}\right)$ V，$u_2 = 380\sqrt{2}\sin\left(\omega t - \dfrac{\pi}{6}\right)$ V，则 u_1 与 u_2 的相位关系是（　　）。 A. 超前　　　　　　　　　　B. 滞后 C. 同相　　　　　　　　　　D. 正交	
103	当流过线圈的电流瞬时值为最大值时，线圈两端的电压瞬时值为（　　）。 A. 零　　　　　　　　　　　B. 最大 C. 有效值　　　　　　　　　D. 不一定	
104	在如图所示的电路中，白炽灯最亮的是（　　）（图中各白炽灯均能发光，且电源为同一电源）。 A. 图（a）　　　　　　　　　B. 图（b） C. 图（c）　　　　　　　　　D. 无法确定	
105	在纯电容正弦交流电路中，电容电压与电流的相位关系是（　　）。 A. 电压滞后电流 90°　　　　B. 电压超前电流 90° C. 电压滞后电流 180°　　　D. 电压超前电流 180°	
106	在下图所示的电路中，若正弦交流电压的有效值保持不变，当频率由高到低变化时，各灯亮度的变化规律是（　　）。 A. 各灯亮度都不变　　　　　　　　B. D_1 不变，D_2 变暗，D_3 变亮 C. D_1 不变，D_2 变亮，D_3 变暗　　D. D_1 变暗，D_2 不变，D_3 变亮	

题号	试题	答案
107	下图所示为某交流电路总电流与总电压的相量图，可确定该电路是（　　）。 A．电感性电路　　　　　　　　B．电容性电路 C．电阻性电路　　　　　　　　D．电性电路	
108	两个正弦交流电流的解析式是 $$i_1 = 10\sin\left(314t + \frac{\pi}{6}\right)\text{A}, \quad i_2 = 10\sqrt{2}\sin\left(314t + \frac{\pi}{4}\right)\text{A}$$ 在这两个式子中，两个交流电流相同的量是（　　）。 A．有效值　　　　　　　　　　B．最大值 C．周期　　　　　　　　　　　D．初相	
109	在电容元件的正弦交流电路中，电压有效值保持不变，当频率增大时，电路中的电流将（　　）。 A．增大　　　　　　　　　　　B．减小 C．不变　　　　　　　　　　　D．无法判断	
110	若电路中某元件的端电压为 $u = 5\sin(314t + 35°)\text{V}$，电流为 $i = 2\sin(314t + 125°)\text{A}$，$u$、$i$ 的参考方向一致（关联方向），则该元件是（　　）。 A．电阻　　　　　　　　　　　B．电感 C．电容　　　　　　　　　　　D．任何元件均可	
111	已知某一电源电压 u 的初相 $\varphi_u = 30°$，电流 i 的初相 $\varphi_i = -30°$，电压 u 与电流 i 的相位关系应为（　　）。 A．同相　　　　　　　　　　　B．反相 C．电压超前电流 60°　　　　　D．电压滞后电流 60°	
112	在纯电容正弦交流电路中，电容电压与电流的相位关系是（　　）。 A．电压滞后电流 90°　　　　　B．电压超前电流 90° C．电压滞后电流 180°　　　　　D．电压超前电流 180°	
113	在一次暴风雨后，在同一台变压器的供电线路中，某栋楼房的电灯在突然变得比平时亮了很多后全部损坏；其他楼房的电灯比平时暗淡了许多。发生这种现象的原因是（　　）。 A．供电变压器被雷击坏　　　　B．中性线被大风吹断 C．发电厂输出电压不对称　　　D．无法确定	
114	三盏规格相同的白炽灯按如下图所示的电路图接在三相交流电路中都能正常发光，现将 S_3 断开，则 EL_1、EL_2 将（　　）。 A．其中一个被烧毁或都被烧毁 B．不受影响，仍正常发光 C．都略微变亮 D．都略微变暗	

题号	试题	答案
115	在如图所示的交流电路中，电压 U 不变，当电源频率升高时，各灯亮度变化情况是（　　）。 A. A 变亮　　　　　　　　　　B. B 变暗 C. C 变暗　　　　　　　　　　D. 全部变暗	
116	在电源频率一定时，正弦交流电路的阻抗角 φ（　　）。 A. 与 $\varphi_i-\varphi_u$ 相等，取决于负载的性质和元件的特性参数 B. 与 $\varphi_i-\varphi_u$ 相等，取决于负载的性质，与元件的特性参数无关 C. 与 $\varphi_u-\varphi_i$ 相等，取决于负载的性质和元件的特性参数 D. 与 $\varphi_u-\varphi_i$ 相等，取决于负载的性质，与元件的特性参数无关	
117	已知 $i_1=10\sin(314t+90°)$ A，$i_2=10\sin(628t+30°)$ A，则（　　）。 A. i_1 超前 i_2 60°　　　　　　B. i_1 滞后 i_2 60° C. 相位差无法判断　　　　　　D. 相位差为零	
118	已知电路中某元件的电压和电流分别为 $u=30\sin(\omega t+60°)$ V，$i=-2\sin(\omega t-60°)$ A，则该元件的性质是（　　）。 A. 电感性元件　　　　　　　　B. 电容性元件 C. 电阻性元件　　　　　　　　D. 纯电感元件	
119	我国交流电的频率为 50Hz，周期为（　　）s。 A. 0.01　　　　　　　　　　　B. 0.02 C. 0.1　　　　　　　　　　　D. 0.2	
120	频率为 60Hz 的正弦交流电的角频率是（　　）。 A. 314rad/s　　　　　　　　　B. 377rad/s C. 628rad/s　　　　　　　　　D. 380rad/s	
121	频率为 50Hz 的正弦交流电的角频率是（　　）。 A. 314rad/s　　　　　　　　　B. 157rad/s C. 628rad/s　　　　　　　　　D. 377rad/s	
122	将某电容接到 $f=50$Hz 的交流电路中，容抗 $X_C=240\Omega$；若将该电容改接到 $f=150$Hz 的电源上，容抗 X_C 为（　　）Ω。 A. 80　　　　　　　　　　　　B. 120 C. 160　　　　　　　　　　　D. 720	
123	将某电容接到 $f=50$Hz 的交流电路中，容抗 $X_C=240\Omega$，若将该电容改接到 $f=25$Hz 的电源上，容抗 X_C 为（　　）Ω。 A. 80　　　B. 120　　　C. 160　　　D. 480	
124	将某线圈接到 $f=50$Hz 的交流电路中，感抗 $X_L=50\Omega$，若将该线圈改接到 $f=150$Hz 的电源上，则感抗 X_L 为（　　）Ω。 A. 150　　　B. 250　　　C. 10　　　D. 60	
125	将某线圈接到 $f=50$Hz 的交流电路中，感抗 $X_L=50\Omega$，若将该线圈改接到 $f=10$Hz 的电源上，则感抗 X_L 为（　　）Ω。 A. 150　　　B. 250　　　C. 10　　　D. 60	

题号	试题	答案
126	采用五点法绘制的 $u = 220\sqrt{2}\sin(100\pi t+60°)$ 的波形图如下图所示，下面描述错误的是（ ）。 A. 五点横坐标为 $-60°$、$30°$、$120°$、$210°$、$300°$ B. 五点纵坐标为 0、$220\sqrt{2}$、0、$-220\sqrt{2}$、0 C. 五点横坐标可以由 $u = U_m\sin\omega t$ 的坐标向左平移 $60°$ 得出，纵坐标总是 0、U_m、0、$-U_m$、0 不变 D. 五点横坐标可以由 $u = U_m\sin\omega t$ 的坐标向右平移 $60°$ 得出，纵坐标总是 0、U_m、0、$-U_m$、0 不变	
127	已知正弦电压 $u = 311\sin314t$ V，当 $t = 0.01$s 时，电压的瞬时值为（ ）V。 A. 0　　　B. 311　　　C. 314　　　D. 220	
128	在 RL 串联电路中，$U_R = 16$V，$U_L = 12$V，则总电压为（ ）。 A. 28V　　　B. 20V　　　C. 2V　　　D. 8V	
129	已知一台单相电动机的铭牌上标注的功率为 30kW，功率因数为 0.6，则这台电动机的视在功率为（ ）。 A. 30kW　　　B. 4kW　　　C. 50kW　　　D. 60kW	
130	在对称的三相电动势中，相序为 U-V-W，如果 V 相的初相为 $30°$，那么 U 相和 W 相的初相分别为（ ）。 A. $120°$，$240°$　　　　B. $-120°$，$120°$ C. $90°$，$-150°$　　　　D. $150°$，$-90°$	
131	已知一个交流 RC 串联电路的 $U_R = 3$V，$U_C = 4$V，则总电压等于（ ）V。 A. 7　　　B. 1　　　C. 5　　　D. 以上都不对	
132	如下图所示，将 $u = 10\sin(314t+30°)$ V 的正弦电压施加于阻值为 5Ω 的电阻上，则通过该电阻的电流为（ ）。 A. $2\sin314t$ A　　　　B. $2\sin(314t+30°)$ A C. $2\sin(314t-30°)$ A　　　　D. 以上都不对	
133	在 RL 串联的交流电路中，电阻的上端电压为 16V，电感的上端电压为 12V，则总电压为（ ）。 A. 28V　　　B. 20V　　　C. 4V　　　D. 都不对	
134	某正弦交流电路如下图所示，$R = X_L = 2X_C$，Ⓐ读数为 2A，Ⓐ读数为（ ）。 A. $\sqrt{2}$ A　　　B. 2A　　　C. $3\sqrt{2}$ A　　　D. 3A	

题号	试题	答案
135	在下图所示的正弦电流电路中，R、L、C 三个元件的端电压的有效值均为 30V，则电压 U_{ab} 的有效值为（　　）。 A. 60V　　　　B. 90V　　　　C. 120V　　　　D. 30V	
136	在 RLC 串联电路中，电阻、电感、电容两端的电压都是 100V，则电路的端电压是（　　）。 A. 100V　　　　B. 300V　　　　C. 200V　　　　D. 50V	
137	将某线圈接入直流电，测出 $R = 12\Omega$；将该线圈接入工频交流电，测出阻抗为 20Ω，则该线圈的感抗为（　　）Ω。 A. 20　　　　B. 16　　　　C. 8　　　　D. 32	
138	将某电容接到 $f = 50Hz$ 的交流电路中，容抗 $X_C = 240\Omega$，若将该电容改接到 $f = 100Hz$ 的电源上，则容抗 X_C 为（　　）Ω。 A. 480　　　　B. 120　　　　C. 160　　　　D. 720	
139	在三相四线制供电线路中，零线就是（　　）。 A. 相线　　　　B. 接地线　　　　C. 中性线　　　　D. 架空地线	
140	在下图所示的电路中，电路接法没有错误的是（　　）。	
141	三相星形连接的电源或负载的线电压是相电压的（　　）倍，线电流与相电流不变。 A. $\sqrt{3}$　　　　B. $\sqrt{2}$　　　　C. 1　　　　D. 2	
142	在三相四线制配电系统中，当三相负载不平衡时，三相电压相等，中性线电流（　　）。 A. 等于零　　　　B. 不等于零　　　　C. 增大　　　　D. 减小	
143	星形连接时的三相电源的公共点叫作三相电源的（　　）。 A. 中性点　　　　B. 参考点　　　　C. 零电位点　　　　D. 接地点	
144	在三相四线配电系统中，N 线表示（　　）。 A. 相线　　　　B. 中性线　　　　C. 保护中性线　　　　D. 保护地线	
145	将三相对称负载接成星形时，三相总电流（　　）。 A. 等于零　　　　　　　　B. 等于其中一相电流的 3 倍 C. 等于其中一相电流　　　D. 等于其中两相电流	
146	供电线路的中性线断了对电路工作有影响的电路是（　　）。 A. 星形负载有中性线的电路　　　B. 星形对称连接且有中性线的电路 C. 三角形负载电路　　　　　　　D. 星形负载无中性线的电路	
147	在三相交流星形连接电路中，能省去中性线的是（　　）。 A. 对称负载　　　　　　　　B. 不对称负载 C. 使用中性线可变动的负载　　D. 都不可以	

题号	试题	答案
148	关于对称三相负载，下列正确描述是（　　）。 A．各相负载的电阻、电容分别相等 B．各相负载的电阻、电感分别相等 C．各相负载的阻抗相等 D．各相负载的阻抗相等，性质相同，但相位差为 $\frac{2\pi}{3}$	
149	将三相额定电压为 220V 的电阻丝接到线电压为 380V 的三相电源上，最佳的连接方法是（　　）。 A．三角形连接　　　　　　　　B．星形连接并在中性线上装熔断器 C．三角形连接、星形连接都可以　D．星形连接，不接中性线	
150	对称负载作三角形连接时，线电压 $U_\mathrm{L} = 220\sqrt{3}\mathrm{V}$，相电压 U_P 为（　　）。 A．475V　　　　　　　　　　　B．220V C．$220\sqrt{3}\mathrm{V}$　　　　　　　　　D．$660\sqrt{3}\mathrm{V}$	
151	有一台三相电动机的绕组额定电压为 380V，在线电压为 380V 的三相电源中应该采用的连接方式为（　　）。 A．三角形 B．星形 C．既可以连接成星形也可以连接成三角形 D．无法确定	
152	有一台三相电动机的每相绕组的额定电压为 220V，对称三相电源的线电压为 380V，则三相绕组应采用（　　）。 A．星形连接，不接中性线　　　B．星形连接，必接中性线 C．三角形连接　　　　　　　　D．以上都可以	
153	若要求三相负载中各相互不影响，则负载应接成（　　）。 A．三角形　　　　　　　　　　B．星形，有中性线 C．星形，无中性线　　　　　　D．三角形或星形，有中性线	
154	当三相负载接近对称时，中性线电流（　　）。 A．变大　　　B．变小　　　C．为零　　　D．不变	
155	在同一个电源下，某三相负载作三角形连接时的线电流是 9A，那么该负载作星形连接时的线电流是（　　）。 A．9A　　　B．18A　　　C．27A　　　D．3A	
156	在三相四线制电路中，线电压与相应的相电压关系满足（　　）。 A．相位相差 120°　　　　　　B．线电压超前相电压 60° C．线电压超前相电压 30°　　　D．同相	
157	对于某一三相四线制供电线路，已知作星形连接的三相负载中的 A 相为纯电阻，B 相为纯电感，C 相为纯电容，通过三相负载的电流均为 10A，则中性线电流为（　　）。 A．30A　　　B．10A　　　C．7.32A　　　D．0A	
158	在电源对称的三相四线制电路中，若三相负载不对称，则该负载各相电压（　　）。 A．不对称　　　　　　　　　　B．仍然对称 C．不一定对称　　　　　　　　D．无法比较	
159	三相发电机绕组接成三相四线制，测得三个相电压 $U_\mathrm{A} = U_\mathrm{B} = U_\mathrm{C} = 220\mathrm{V}$，三个线电压 $U_\mathrm{AB} = 380\mathrm{V}$，$U_\mathrm{BC} = U_\mathrm{CA} = 220\mathrm{V}$，这说明（　　）。 A．A 相绕组接反了　　　　　　B．B 相绕组接反了 C．C 相绕组接反了　　　　　　D．A 相绕组和 B 相绕组都接反了	

题号	试题	答案
160	三相对称负载是指三相负载的（　　）。 A．阻抗值相等　　　　　　B．阻抗角相同 C．阻抗值相等且阻抗角相同　　D．阻抗值相等且阻抗角的绝对值相等	
161	在三相电路中，下列结论正确的是（　　）。 A．负载作星形连接时必须有中性线 B．负载作三角形连接时线电流必为相电流的$\sqrt{3}$倍 C．负载作星形连接时线电压必为相电压的$\sqrt{3}$倍 D．负载作星形连接时线电流等于相电流	
162	三相动力供电线路的电压是380V，则任意两根相线之间的电压称为（　　）。 A．相电压，有效值为380V　　B．线电压，有效值为220V C．线电压，有效值为380V　　D．相电压，有效值为220V	
163	三相四线制电路中的线电压是相电压的（　　）倍。 A．3　　　B．1/3　　　C．$\sqrt{3}$　　　D．$\sqrt{3}/3$	
164	为确保用电安全，日常生活用电的供电系统采用的供电方式为（　　）。 A．三相三线制星形 B．三相三线制三角形 C．三相四线制星形 D．可以为三相三线制星形，也可以为三相四线制星形	
165	下列结论中错误的是（　　）。 A．当负载作三角形连接时，相电流为线电流的$\sqrt{3}$倍 B．三相负载越接近对称，中性线电流越小 C．当负载作星形连接时，线电流必等于相电流 D．当负载作三角形连接时，线电压必等于相电压	
166	某动力供电线路采用的是星形连接三相四线制连接方式，交流电频率为50Hz，线电压为380V，则（　　）。 A．线电压为相电压的$\sqrt{3}$倍　　B．线电压的最大值为380V C．相电压的瞬时值为220V　　　D．交流电的周期为0.2s	
167	某三相电源绕组在作星形连接时的线电压为380V，若将它改成三角形连接，则线电压为（　　）。 A．380V　　B．660V　　C．220V　　D．都不对	
168	在电源对称的三相四线制电路中，若三相负载不对称，则该负载各相电压（　　）。 A．不对称　　　　　B．仍然对称 C．不一定对称　　　D．以上三种说法都错误	
169	在对称三相四线制供电线路中可以得到（　　）电压值。 A．2种　　　B．1种　　　C．3种　　　D．4种	
170	三相负载究竟采用哪种方式连接应根据（　　）而定。 A．电源的连接方式和供电电压　　B．负载的额定电压和电源供电电压 C．负载电压和电源连接方式　　　D．电路的功率因数	
171	星形对称电路的线电压是相电压的$\sqrt{3}$倍，线电压的相位超前相应的相电压（　　）。 A．$\pi/2$　　　B．$\pi/3$　　　C．$\pi/6$　　　D．以上都不对	
172	在我国，一般照明线路的电源优先选用（　　）V。 A．380　　　B．220　　　C．36　　　D．12	

题号	试题	答案
173	正弦交流电压加在电阻与电容串联的电路上，已知电阻两端的电压 U_R=30V，电容两端的电压 U_C=40V，则电路的总电压为（　　）。 A．30V　　　B．40V　　　C．50V　　　D．70V	
174	在三相四线制配电系统中，中性线用（　　）表示。 A．L　　　B．N　　　C．W　　　D．U	
175	对称三相电压的特点完全正确的一项是（　　）。 A．三个电压幅值相等、频率不同、相位互差50° B．三个电压幅值不同、频率相同、相位互差20° C．三个电压幅值相等、频率相同、相位互差120° D．三个电压幅值不同、频率不同、相位互差0°	
176	当三相平衡负载接成星形时下列关系式完全正确的是（　　）。 A．$U_L = U_P$；$I_L = I_P$　　　B．$U_L = \sqrt{3} U_P$；$I_L = \sqrt{3} I_P$ C．$U_L = U_P$；$U_L = \sqrt{3} U_P$　　　D．$U_L = \sqrt{3} U_P$；$I_L = I_P$	
177	在同一个电源下，某三相负载作星形连接时的总功率是1200W，那么该负载作三角形连接时的总功率是（　　）。 A．3600W　　　B．2400W　　　C．1200W　　　D．400W	
178	在某三相电路中，已知负载对称，相电压为220V，相电流为10A，功率因数 $\cos\varphi=0.5$，三相负载的总有功功率为（　　）W。 A．3300　　　B．6600　　　C．$1100\sqrt{3}$　　　D．1100	
179	三相对称交流电路的瞬时功率为（　　）。 A．一个随时间变化的量　　　B．一个常量，其值恰好等于有功功率 C．0　　　D．无法测量	
180	在三相对称星形电路中，相电压 $u_P = 220\sqrt{2}\sin(314t+60°)$V，相电流 $i_P = 10\sqrt{2}\sin(314t+60°)$A，该三相电路的无功功率 Q 为（　　）。 A．5715.8W　　　B．5715.8Var C．6600Var　　　D．0Var	
181	若 $\cos\varphi$ 为0.8，视在功率为100kVA，则无功功率为（　　）。 A．20kVar　　　B．80kVar C．60kVar　　　D．100kVar	
182	正弦交流电路的视在功率表征的是该电路的（　　）。 A．电压有效值与电流有效值的乘积 B．平均功率 C．瞬时功率最大值 D．电流有效值的二次方	
183	有功功率用符号（　　）来表示。 A．P　　　B．Q　　　C．S　　　D．N	
184	无功功率用符号（　　）来表示。 A．P　　　B．Q　　　C．S　　　D．N	
185	视在功率用符号（　　）来表示。 A．P　　　B．Q　　　C．S　　　D．N	
186	三个规格相同的灯泡作星形连接，在三相四线制供电线路中，若中性线断开，则会出现的情形是（　　）。 A．三个灯泡都变暗　　　B．三个灯泡都变亮 C．三个灯泡的亮度不变　　　D．三个灯泡都烧坏	

题号	试题	答案
187	三个功率不同、额定电压相同(220V)的灯泡作星形连接,若中性线断开,则(　　)。 A. 三个灯泡都变暗　　　　　　B. 功率大的灯泡变暗,功率小的灯泡变亮 C. 三个灯泡亮度不变　　　　　D. 三个灯泡都变亮	
188	三相交流电就是(　　)。 A. 三个任意交流电的组合 B. 三个任意正弦交流电的组合 C. 三个任意同频正弦交流电的组合 D. 三个频率相同、大小相等、相位互差120°的正弦交流电的组合	
189	在如图所示的三相电路中,开关 S 断开时线电流为 2A,开关 S 闭合后 i_A 为(　　)。 A. 6A　　　　B. 4A　　　　C. $2\sqrt{3}$ A　　　　D. $4\sqrt{3}$ A	
190	在如图所示的三相交流电路中,三个同规格的灯泡正常工作。若在 b 处出现开路故障,则各灯亮度变化情况为(　　)。 A. L_1、L_2 熄灭,L_3 正常发光　　　B. L_1、L_2 变暗,L_3 正常发光 C. L_1、L_2、L_3 均正常工作　　　　D. L_1、L_2、L_3 均变暗	
191	对称三相电路是指(　　)。 A. 三相电源对称的电路 B. 三相负载对称的电路 C. 三相电源和三相负载都对称的电路 D. 三相电源彼此相位相差120°	
192	对称三相电动势是指(　　)的三相电动势。 A. 最大值相等、频率相同、相位相同 B. 最大值相等、频率相同、相位彼此相差 $\frac{\pi}{3}$ C. 最大值相等、频率相同、相位彼此相差 $\frac{2\pi}{3}$ D. 最大值相等、频率相同、相位彼此相差 π	
193	改变一相负载对另外两相负载均无影响的三相电路是(　　)。 A. 星形连接三相四线制电路　　　B. 星形连接三相三线制电路 C. 三角形连接三相四线制电路　　D. 以上都不对	
194	在三相四线制电路中,线电压 U_L 与相电压 U_P 的关系应该满足(　　) A. $U_L = \sqrt{3}U_P$,相位差为 $\frac{2\pi}{3}$　　　B. $U_L = \sqrt{3}U_P$,U_L 超前 U_P $\frac{\pi}{3}$ C. $U_L = \sqrt{3}U_P$,U_L 超前 U_P $\frac{2\pi}{3}$　　D. $U_L = U_P$,U_L 与 U_P 同相	

题号	试题	答案
195	已知三相负载对称，各相阻抗均为100Ω，三角形连接，三相四线制电源的相电压为220V，下列叙述正确的是（　　）。 A．通过各相负载的相电流为2.2A B．负载两端的电压为380V，线电流为3.8A C．负载两端的电压为220V，线电流为$2.2\sqrt{3}$ A D．负载两端的电压为380V，线电流为$3.8\sqrt{3}$ A	
196	某动力供电线路采用的是星形连接三相四线制连接方式，交流电频率为50Hz，相电压为380V，则（　　）。 A．线电压的最大值为380V　　　B．线电压为相电压的$\sqrt{3}$倍 C．相电压的瞬时值为220V　　　D．交流电的周期为0.2s	
197	在三相电路中，必须要有中性线的电路是（　　）。 A．三相电动机供电电路　　　B．三相变压器供电电路 C．三相照明电路　　　D．三相电阻炉	
198	在我国，一般照明电路优先选用电压为（　　）V的电源，特殊照明例外。 A．380　　B．220　　C．36　　D．12	
199	闭合开关QS，中性线电流为零的电路是（　　）。 A. [电路图: R=10Ω, R=10Ω, R=10Ω]　　B. [电路图: R=10Ω, R=10Ω, R=20Ω/R=20Ω] C. [电路图: R=10Ω, R=10Ω, R=6Ω, X_C=8Ω]　　D. [电路图: R=10Ω, R=10Ω, R=6Ω, X_L=8Ω]	
200	单相有功电能表共有四个外部接线端子，从左至右的第一个接线端子为（　　）。 A．进相线　　B．进中性线　　C．出相线　　D．出中性线	
201	单相有功电能表共有四个外部接线端子，从左至右的第三个接线端子为（　　）。 A．进相线　　B．进中性线　　C．出相线　　D．出中性线	
202	单相有功电能表共有四个外部接线端子，从左至右的第二个接线端子为（　　）。 A．进相线　　B．进中性线　　C．出相线　　D．出中性线	
203	单相有功电能表共有四个外部接线端子，从左至右的第四个接线端子为（　　）。 A．进相线　　B．进中性线　　C．出相线　　D．出中性线	
204	单相有功电能表一般装在配电盘的（　　）。 A．左边或下方　　B．左边或上方　　C．右边或下方　　D．右边或上方	
205	测量家用电冰箱的绝缘电阻，选择绝缘电阻表的额定电压应为（　　）V。 A．500　　B．1000　　C．1500　　D．2500	
206	在用绝缘电阻表测绝缘电阻时，手柄摇动转速为（　　）r/min。 A．380　　B．120　　C．220　　D．50	
207	可用（　　）测量线路的绝缘电阻。 A．万用表的电阻挡　　　B．绝缘电阻表 C．接地摇表　　　D．钳形表	

题号	试题	答案
208	在使用试电笔时一定要注意，被测带电体与大地间的电压超过（　　），氖管才会启辉发光。若电压太低氖管不会启辉发光。 A．15V　　　B．30V　　　C．60V　　　D．220V	
209	在使用钳形电流表时应先用较大量程，然后视被测电流的大小变换量程，在切换量程时应（　　）。 A．直接转动量程开关 B．先将钳口打开，再转动量程开关 C．先转动量程开关，再将钳口打开 D．一边将钳口打开，一边转动量程开关	
210	若要测量照明线路的绝缘情况，应选用额定电压为（　　）的绝缘电阻表。 A．250V　　　B．500V　　　C．1000V　　　D．2500V	
211	在用绝缘电阻表摇测绝缘电阻时，要用单根电线分别将线路 L 及接地 E 端与被测物连接。其中（　　）端的连接线要与大地保持良好绝缘。 A．L　　　B．E　　　C．L 和 E　　　D．以上都不对	
212	在对焊接温度不宜过高、焊接时间不宜过长的元器件进行焊接时，应选用（　　）。 A．可调温电烙铁　　　B．吸锡电烙铁 C．气焊电烙铁　　　D．恒温电烙铁	
213	清洁电烙铁使用的海绵应蘸有适量的（　　）。 A．酒精　　　B．丙酮　　　C．干净的水　　　D．助焊剂	
214	在手持功率较小的电烙铁进行电子元器件焊接时，一般采用（　　）。 A．正握法　　　B．反握法　　　C．握笔法　　　D．上述三种方法都可以	
215	检查电气设备是否接地应使用（　　）。 A．万用表　　　B．电流表　　　C．绝缘电阻表　　　D．电压表	
216	电烙铁在接通电源后，不热或不太热的原因不可能为（　　）。 A．操作姿势不当　　　B．实际电压低于额定电压 C．电烙铁头发生氧化　　　D．电烙铁头根端与外管内壁紧固部位氧化	
217	一般来说电烙铁的功率越大，电烙铁头的加热时间越（　　）。 A．小　　　B．大　　　C．短　　　D．长	
218	在用电烙铁进行焊接时，下列原因中不是造成元器件虚焊和假焊的主要原因是（　　）。 A．焊接的金属引线没有上锡或上得不好 B．没有清除焊盘的氧化层和污垢，或者清除不彻底 C．焊接时间过短，焊锡没有达到足够高的温度 D．焊接时间过长	
219	在焊接时，若电烙铁头上有氧化的焊锡或锡渣，正确的做法是（　　）。 A．不用理会，继续焊接　　　B．在纸筒或电烙铁架上敲掉 C．在电烙铁架的海绵上擦掉　　　D．提高焊接温度	
220	在用电烙铁进行焊接时，速度要快，一般焊接时间应不超过（　　）。 A．1s/点　　　B．3s/点　　　C．5s/点　　　D．4s/点	
221	在短时间内不使用电烙铁时，应（　　）。 A．给电烙铁头加少量锡　　　B．关闭电烙铁电源 C．不用对电烙铁进行处理　　　D．将电烙铁悬空放置	

题号	试题	答案
222	下图所示为一段 RLC 串联电路两端的电压与电流关系的波形图,据此可得(　　)。 $u=U_m\sin(\omega t+\varphi_1)$ $i=I_m\sin(\omega t+\varphi_2)$ A. 电路呈电感性,电压相位超前电流相位 B. 电路呈电容性,电压相位超前电流相位 C. 电路呈电容性,电压相位落后电流相位 D. 电路呈电感性,电压相位落后电流相位	
223	电烙铁焊接完成后与被焊体约呈(　　)角移开。 A. 30°　　　B. 45°　　　C. 60°　　　D. 90°	
224	电烙铁架上的海绵应加多少水(　　)。 A. 不用加水　　　　　　　B. 对折海绵,水不流出为准 C. 水面超过海绵顶面　　　D. 水面与海绵顶面齐平	
225	在用电烙铁完成手工焊接后,元件引脚的剪脚高度为(　　)。 A. 0.5mm 以下　　　　　B. 0.5~2.5mm C. 2.5mm 以上　　　　　D. 无规定时随便剪	
226	钳形电流表是利用(　　)的原理制造的。 A. 电压互感器　　　　　　B. 电流互感器 C. 变压器　　　　　　　　D. 电流热效应	
227	用钳形电流表测量电流可以在电路(　　)的情况下进行。 A. 短接　　B. 断开　　C. 不断开　　D. 上述情况均可	
228	尖嘴钳 150mm 是指(　　)。 A. 其总长度为 150mm　　　B. 其绝缘手柄为 150mm C. 其开口为 150mm　　　　D. 两个绝缘手柄长度之和为 150mm	
229	在选择电压表时,其内阻(　　)被测负载的电阻为好。 A. 远大于　　B. 远小于　　C. 等于　　D. 约等于	
230	正确使用试电笔的方法是(　　)。 A.　　　　B.　　　　C.　　　　D. 都正确	
231	下列常用电工工具中没有绝缘套管的是(　　)。 A. 钢丝钳　　B. 尖嘴钳　　C. 剥线钳　　D. 活络扳手	
232	家用电能表在接线时下列哪种接法是正确的(　　)。 A. 2、3 进,1、4 出　　　　B. 1、4 进,2、3 出 C. 1、3 进,2、4 出　　　　D. 1、2 进,3、4 出	

题号	试题	答案
233	塑料软导线不可用（　　）来剥除绝缘层。 A. 剥线钳　　B. 钢丝钳　　C. 电工刀　　D. 尖嘴钳	
234	活络扳手可以拧（　　）规格的螺母。 A. 一种　　B. 两种　　C. 三种　　D. 各种	
235	在用螺丝刀拧紧可能带电的螺钉时，手指应该（　　）螺丝刀的金属部分。 A. 接触　　B. 压住　　C. 抓住　　D. 不接触	
236	下列关于用万用表测电阻检修照明电路的说法不正确的是（　　）。 A. 若示数为"0"，则说明电路短路 B. 要接通电源进行检测 C. 若示数为"1"或指针不动，则说明电路断路 D. 检测时要断开灯具接线	
237	用绝缘电阻表测量时应不断摇动其手柄，且经（　　）再读取稳定读数。 A. 30s　　B. 60s　　C. 120s　　D. 50s	
238	在使用试电笔时，被测电体与大地之间的电压超过（　　）氖管才会启辉发光。 A. 15V　　B. 30V　　C. 60V　　D. 220V	
239	绝缘电阻表应根据被测电气设备的（　　）来选择。 A. 额定功率　　B. 额定电压　　C. 额定电阻　　D. 额定电流	
240	七股芯线的导线作直连接时，应将导线按（　　）股分成三组，再沿顺时针方向紧密缠绕。 A. 2、2、3　　B. 1、1、5　　C. 1、3、3　　D. 3、3、1	
241	在下图所示的三相对称电路中，三相电源线电压为 $\sqrt{3}U$，每相负载电阻阻值均为 R，则电压表和电流表的读数分别为（　　）。 A. U 和 $\dfrac{U}{R}$　　　　B. U 和 $\dfrac{\sqrt{3}U}{R}$ C. $\sqrt{3}U$ 和 $\dfrac{\sqrt{3}U}{R}$　　D. $\sqrt{3}U$ 和 $\dfrac{3U}{R}$	
242	照明方式可分为（　　）。 A. 一般照明、分区一般照明、应急照明、室外照明 B. 一般照明、分区一般照明、局部照明、混合照明 C. 一般照明、应急照明、室外照明、保证工作照明 D. 应急照明、局部照明、混合照明、室外照明	
243	卧室的照度范围为（　　）。 A. 20～50lx　　B. 75～150lx　　C. 100～200lx　　D. 150～300lx	
244	下列灯具中可以调节色温的是（　　）。 A. 白炽灯　　B. 日光灯　　C. LED　　D. 卤素灯	
245	下列灯具中通常不会出现在家居照明中的是（　　）。 A. 吊灯　　B. 台灯　　C. 投光灯　　D. 节能灯	

题号	试题	答案
246	餐厅照明的目的主要是使菜肴的色泽看起来更有食欲，选购餐厅照明灯具使用的光源的显色性接近（　　）最好。 A．85　　　　B．75　　　　C．65　　　　D．55	
247	在照明设计中，功能性与装饰性并重的家居空间是（　　）。 A．玄关　　　B．客厅　　　C．卧室　　　D．厨房	
248	将某一三相对称负载接到同一三相电源上，采用三角形连接与采用星形连接的负载总功率之比为（　　）。 A．1：1　　　B．$\sqrt{3}$：1　　　C．3：1　　　D．1：3	
249	导线接头缠绝缘胶布时，后一圈压在前一圈胶布宽度的（　　）处。 A．1/2　　　B．1/3　　　C．1/4　　　D．1	
250	关于功率因数，下列说法错误的是（　　）。 A．提高功率因数可以提高供电设备的电能利用率 B．功率因数反映了电源功率利用率问题 C．提高功率因数可以减少线路上的电能损耗 D．无功功率与视在功率的比值叫作功率因数	
251	导线接头连接不紧密，会引起接头处出现（　　）现象。 A．绝缘不够　　　　　　　　B．发热 C．不导电　　　　　　　　　D．虚焊	
252	钢管布线的适用场所是（　　）。 A．家庭　　　　　　　　　　B．教室 C．用电量较大、线路较长场所　D．易发生火灾和有爆炸危险场所	
253	家庭和办公室适合（　　）布线。 A．瓷瓶　　　　　　　　　　B．瓷珠 C．塑料护套绝缘导线　　　　D．钢管	
254	在安装刀开关时，必须安装为手柄（　　）合闸。 A．向上　　　　　　　　　　B．向下 C．水平　　　　　　　　　　D．只要方便操作，任意方向均可	
255	选择三相负载连接方式的依据是（　　）。 A．三相负载对称选三角形连接，三相负载不对称选星形连接 B．希望获得较大功率选星形连接，否则选三角形连接 C．电源为三相四线制选星形连接，电源为三相三线制选三角形连接 D．选用的连接方法应保证每相负载得到的电压等于其额定电压	
256	导线接头的机械强度不小于原导线机械强度的（　　）%。 A．90　　　　B．85　　　　C．95　　　　D．80	
257	一般来说，墙面开关的安装高度为距离地面（　　）m。 A．1.3　　　B．1.5　　　C．1.8　　　D．2	
258	在照明电路中，开关应控制（　　）。 A．中性线　　　　　　　　　B．相线 C．地线　　　　　　　　　　D．中性线和相线	
259	某正弦交流电压为 $u=220\sqrt{2}\sin(628t+37°)$，则（　　）。 A．$U_m$=220V，$f$=50Hz　　　　B．$U_m$=220V，$f$=100Hz C．$U_m$=311V，$f$=50Hz　　　　D．$U_m$=311V，$f$=100Hz	

题号	试题	答案
260	某 RLC 串联交流电路的 $R=2\text{k}\Omega$，$L=100\text{mH}$，$C=10\text{pF}$，此电路谐振时的品质因数 Q 为（　　）。 A．25　　　　B．50　　　　C．60　　　　D．80	
261	2 控 1 灯 1 插座电路如下图所示，下列对器件名称描述正确的是（　　）。 A．①为单相有功电能表，②为单极断路器，③为单极断路器，④⑤为双联开关，⑥为插座，⑦为照明灯 B．①为单相有功电能表，②为两极断路器，③为单极断路器，④⑤为双联开关，⑥为插座，⑦为照明灯 C．①为单相有功电能表，②为单极断路器，③为两极断路器，④⑤为双联开关，⑥为插座，⑦为照明灯 D．①为单相有功电能表，②为单极断路器，③为两极断路器，④⑤为插座，⑥为开关，⑦为照明灯	
262	在布线施工中，当一路分支线需要与干线进行导线连接时，导线常采用（　　）。 A．直线连接　　　　B．T 字形连接 C．十字形连接　　　D．爆破压接	
263	在布线施工中，当导线长度不能满足要求，需要进行导线连接时，导线常采用（　　）。 A．直线连接　　　　B．T 字形连接 C．十字形连接　　　D．爆破压接	
264	在下图所示的单相三孔插座的接线示意图中接线符合国家标准规定的是（　　）。	
265	在单相三孔插座的接线示意图中，中性线用字母（　　）表示。 A．L　　　B．E　　　C．N　　　D．W	
266	两个正弦电流：$I_1=15\sin(100\pi t+45°)$，$I_2=15\sin(200\pi t-30°)$，以下说法正确的是（　　）。 A．两者的相位差为 75°　　　B．两者的有效值相等 C．两者的周期相同　　　　　D．两者的频率相等	
267	下图所示为单相三孔插座的接线示意图，下列叙述正确的是（　　）。 A．ac 接线正确，bd 接线错误　　B．a 接线正确，bcd 接线错误 C．bc 接线正确，ad 接线错误　　D．abcd 接线错误	

题号	试题	答案
268	如下图所示，电工给教室安装了一个三孔插座，正确接线时，连接接地线的插孔是（　　）。 A. a　　　B. b　　　C. c　　　D. a 和 b	
269	在现代家居装修中，室内普通墙面开关面板的高度为（　　）cm。 A．30～35　　　　　　　　B．135～140 C．60～65　　　　　　　　D．80～100	
270	单相双孔插座的极性规定为（　　）。 A．左侧接相线，右侧接中性线 B．左侧接中性线，右侧接相线 C．左侧接地线，右侧接相线 D．左侧接中性线，右侧接地线	
271	单相三孔插座的极性规定为（　　）。 A．左侧接相线，右侧接中性线，上侧接地线 B．左侧接中性线，右侧接地线，上侧接相线 C．左侧接中性线，右侧接相线，上侧接地线 D．左侧接地线，右侧接相线，上侧接地线	
272	某三相四线制电路的线电压为 380V，星形连接三相对称负载的 $R=6\Omega$，$X_L=8\Omega$，则电路的有功功率和功率因数分别为（　　） A．11616W，0.6　　　　　B．8712W，0.8 C．11616W，0.8　　　　　D．8712W，0.6	
273	室内壁挂式空调机的插座高度一般为（　　）cm。 A．130　　　B．80　　　C．180　　　D．150	
274	下列室内双控开关接线原理图中正确的是（　　）。 A.　　　　　　　B. C.　　　　　　　D．都不正确	
275	下列室内双联开关接线原理图中正确的是（　　）。 A.　　　　　　　B. C.　　　　　　　D．都不正确	
276	要想在大厅的两个不同位置控制同一盏灯，应该选用的开关是（　　）。 A．单极开关　　　　　　　B．双联开关 C．双控开关　　　　　　　D．上述都可以	

题号	试题	答案
277	如下图所示，室内并排安装开关插座时，一般规定允许的最大高度差应不超过（　　）mm。 A. 0.1　　　B. 0.5　　　C. 1　　　D. 5	
278	同一室内安装的开关插座高低差不应大于（　　）mm。 A. 0.1　　　B. 0.5　　　C. 1　　　D. 5	
279	楼梯照明灯（在两个地方控制一盏灯）安装的开关为（　　）。 A. 单联单控　　　　　　　　B. 单联双控 C. 双联单控　　　　　　　　D. 双联双控	
280	电感式镇流器日光灯的一端接至灯管灯架的接线端，灯管灯架的同侧另一端应接至电源（　　）。 A. 经开关控制的相线　　　　B. 不经开关控制的相线 C. 不经开关控制的中性线　　D. 经开关控制的中性线	
281	电子式镇流器日光灯的灯管灯架的两根接线端引线（　　）。 A. 没有极性，可随意与经开关控制的电源连接 B. 有极性，应按照极性连接 C. 一端接镇流器，一端接电源 D. 一端接启辉器，一端接电源	
282	电子式镇流器日光灯的配件中没有（　　）。 A. 灯管　　B. 灯架　　C. 控制开关　　D. 启辉器	
283	在正确安装三孔插座时，接地线应该接在（　　）。 A. 左孔　　B. 右孔　　C. 上孔　　D. 任意一个孔	
284	螺口灯头的螺纹应与（　　）相接。 A. 相线　　B. 中性线　　C. 地线　　D. 保护线	
285	开关的触点分为动触点和静触点，接线方法是（　　）。 A. 动触点接电压，静触点接负载　　B. 静触点接电源，动触点接负载 C. 静触点接高压，动触点接低压　　D. 动触点接高压，静触点接低压	
286	如下图所示，电路连接正确的是（　　）。	

题号	试题	答案
287	在下图所示的电路中,当开关 S 闭合时,L_1 和 L_2 均不亮。某同学用一根导线查找电路故障,他先用导线把 L_1 短接,发现 L_2 亮,L_1 不亮;再用该导线把 L_2 短接,发现两灯均不亮。由此可判断（　　）。 A．L_1 断路　　B．L_2 断路　　C．开关断路　　D．电源断路	
288	一只标有"220V/100W"字样的灯泡,接在 $U = 311\sin 314t$ V 的电源上,则下列说法中正确的是（　　）。 A．灯泡不能正常发光 B．通过灯泡的电流为 $i = 0.45\sin 314t$ A C．与灯泡并联的电压表的示数为 220V D．与灯泡串联的电流表的示数为 0.03A	
289	在家庭配电线路中安装熔断器的目的是（　　）。 A．短路保护　　　　　　B．漏电保护 C．过载保护　　　　　　D．以上都是	
290	照明线路出现下列现象可判定是接触不良的是（　　）。 A．日光灯启动困难　　　　B．灯泡忽明忽暗 C．灯泡不亮　　　　　　D．灯泡很亮	
291	日光灯镇流器的作用是（　　）。 A．产生较高的自感电动势 B．限制灯管中的电流 C．将电能转换成热能 D．产生自感电动势和限制灯管中的电流	
292	在检查电源插座时,试电笔在插座的两个插孔中氖管均不发光,首先判断是（　　）故障。 A．相线断线　　　　　　B．短路 C．中性线断线　　　　　D．线路停电	
293	在检查插座时,试电笔在插座的两个插孔中氖管均发光,首先判断是（　　）故障。 A．相线断线　　　　　　B．短路 C．中性线断线　　　　　D．线路停电	
294	日光灯电路主要由镇流器、启动器和灯管组成,在日光灯正常工作过程中（　　）。 A．灯管正常发光后,启动器中的两个触片是连接的 B．灯管正常发光后,启动器起降压作用 C．日光灯刚发光时,镇流器提供瞬时高压 D．灯管正常发光后,镇流器将交流电变成直流电	
295	日光灯电路主要由镇流器、启动器和灯管组成,以下说法中不正确的是（　　）。 A．灯管点亮发光后,启动器中的两个触片是分离的 B．灯管点亮发光后,镇流器起降压限流作用,使灯管在较低的电压下工作 C．镇流器为日光灯的点亮提供瞬时高电压 D．灯管点亮后,镇流器维持灯管两端有高于电源的电压,使灯管正常工作	

题号	试题	答案
296	在家庭电路中有时会出现这样的现象：原来各家用电器都在正常工作，在将一个手机充电器的插头插入插座时，家里所有家用电器全部停止工作。以下说法中正确的是（　　）。 A．可能是这个插座的相线和中性线原来就相接触形成了短路 B．可能是这个家用电器的插头与插座没有形成良好接触，仍然是断路状态 C．可能是插头在插入这个插座时，相线和中性线相接触形成了短路 D．可能同时工作的家用电器过多，导致干路中总电流过大，进而造成断路器跳闸	
297	关于室内照明电路，下列描述最正确的是（　　）。 A．插座不宜和照明灯接在同一分支回路中 B．同一房间的插座和照明灯应接在同一分支回路中 C．常用的插座可以和照明灯接在同一分支回路中 D．不常用的插座宜和照明灯接在同一分支回路中	
298	在电感式日光灯自启动到工作的过程中镇流器起的作用是（　　）。 A．降压　　　　　　　　　　B．限流 C．升压和稳压　　　　　　　D．节省电能	
299	在下列几个家庭电路中，不符合规范要求的是（　　）。	
300	下列关于家庭电路的说法正确的是（　　）。 A．家用电器之间应串联使用 B．开关应接在相线上 C．开关与所控制的家用电器应并联 D．熔断器中的熔丝断了，在进行应急修理时可以用铜丝代替	
301	下图所示为某居民家中的部分电路，开始时各部分工作正常。将电饭煲的插头插入三孔插座后，正在烧水的电热壶突然不能工作，但电灯仍正常工作。拔出电饭煲的插头后电热壶仍不能工作。把试电笔分别插入插座的左、右插孔，氖管均能启辉发光。若电路中仅有一处故障，则该故障为（　　）。 A．电热壶所在电路 B、D 两点间断路 B．插座的接地线断路 C．插座的左、右插孔短路 D．电路 C、D 两点间导线断路	

题号	试题	答案
302	某人从市场上买了一盏廉价台灯，装上"220V/25W"的灯泡后将插头插入家庭电路，此时室内所有电灯立即熄灭，原因可能是（　　）。 A．插头与插座接触不良　　　B．灯泡的灯丝断了 C．台灯的灯座内短路　　　　D．台灯的插头内断路	
303	小宁设计了一种照明电路图，其设计要求是用两个开关控制一个小灯泡，两个开关同时闭合小灯泡才能发光，只闭合其中任意一个开关，小灯泡不能发光。在下图所示的四个电路图中，既符合上述设计要求，又符合安全用电要求的是（　　）。	
304	如下图所示，家庭电路中安装了熔断器，它的作用是（　　）。 A．当电压过高时自动切断电路 B．当发生触电时自动切断电路 C．当家用电器发生漏电时自动切断电路 D．当电路中的电流过大时自动切断电路	
305	下图所示为 RLC 负载电路的电压与电流波形图，对该负载电路描述正确的是（　　）。 A．电路呈电容性，电压相位超前电流相位 B．电路呈电感性，电压相位落后电流相位 C．电路呈电容性，电压相位落后电流相位 D．电路呈电感性，电压相位超前电流相位	

题号	试题	答案
306	如下图所示，某同学根据正确安装的配电板布置图[见图（a）]绘制了接线图[见图（b）]，下列对其绘制接线图评价正确的是（　　）。 A. 单相有功电能表的安装位置错误，应予以改正 B. 用户熔断器与闸刀开关的安装位置错误，应予以改正 C. 闸刀开关的动、静触点处已经断开，应连接起来 D. 由于进户线的极性有误，所以单相有功电能表接线错误，应予以改正	
307	图（a）所示为对称三相负载电路，线电压为380V，各表读数均为8.66A，如果把电流表串接在负载支路上，如图（b）所示，则电流表读数应为（　　）。 A. 5A　　　　B. 8.66A　　　　C. 15A　　　　D. 10A	
308	在 RLC 串联电路中，当外加信号频率为 100kHz 时，电路发生谐振，若将信号频率调高，则电路的阻抗和性质将会发生变化，下面说法正确的是（　　）。 A. 阻抗变大，电路呈电容性　　B. 阻抗变大，电路呈电感性 C. 阻抗变小，电路呈电容性　　D. 阻抗变小，电路呈电感性	
309	在三相四线制中性点接地供电系统中，线电压指的是（　　）。 A. 相线对地间的电压　　　　B. 中性线对地间的电压 C. 相线对中性线间的电压　　D. 相线之间的电压	
310	容抗 $X_C=6\Omega$ 的电容和感抗 $X_L=8\Omega$ 的电感串联，该串联电路的阻抗是（　　）。 A. 2Ω　　　B. 10Ω　　　C. 12Ω　　　D. 14Ω	
311	将星形连接的三相负载接在星形连接的对称三相电源上，则负载不能正常工作的是（　　）。 A. 对称负载，接中性线　　　B. 对称负载，不接中性线 C. 不对称负载，不接中性线　D. 不对称负载，接中性线	
312	纯电感元件的感抗 X_L（　　）。 A. 与电感成正比，与电源周期成反比 B. 与电感成反比，与电源周期成正比 C. 与电感成正比，与电源周期成正比 D. 与电感成反比，与电源周期成反比	

2.2 节答案可扫描二维码查看。

2.3 交流电路填空题

题号	试题	答案
1	将阻值为 R 的电阻和电感量为 L 的电感串联后，接在电压为 $u=U_m\sin(\omega t+\varphi_0)$V 的交流电源上，则该电路的总阻抗为_____。	
2	正弦电动势 $e = 311\sin(314t -120°)$V，该电动势的最大值 $E_m =$ _____V。	
3	正弦电动势 $e = 311\sin(314t -120°)$V，该电动势的角频率 $\omega =$ _____rad/s。	
4	正弦电动势 $e = 311\sin(314t -120°)$V，该电动势的频率 $f =$ _____Hz。	
5	正弦电动势 $e = 311\sin(314t -120°)$V，该电动势的初相 $\varphi_0 =$ _____。	
6	正弦交流电压 $u = 220\sqrt{2}\sin\left(314t - \dfrac{\pi}{2}\right)$V 的周期为_____s。	
7	已知正弦交流电压 $u = 380\sqrt{2}\sin(314t - 60°)$V，则它的相位为_____。	
8	我国的三相交流电路是由三个频率相同、电动势振幅_____、相位差互差 120°的交流电路组成的电力系统。	
9	如下图所示，$I = 0.707I_m$ 表示的是交流电的_____值。	
10	某正弦交流电的波形如下图所示，其幅值为_____V。	
11	如下图所示的正弦交流电流的瞬时值表达式为 $i =$ _____A。	
12	如下图所示，$\dot{I} = 2$A，$\dot{U} = 100$V，频率为 50Hz，电压超前于电流_____。	

— 85 —

题号	试题	答案
13	两正弦交流电的波形如下图所示，e_A 的初相为_____。![波形图]	
14	两正弦交流电的波形如下图所示，e_A 和 e_B 的相位关系为 e_A _____ $\frac{2\pi}{3} e_B$。![波形图]	
15	在含有电感性负载的串联电路中，交流电源为220V，电流为50A，功率因数为0.9，电路的有功功率是_____W。	
16	串联谐振电路常被用作_____电路。	
17	电感具有通直流的作用，也可以这样说，电感具有通_____频的作用。	
18	容抗的单位是_____。	
19	纯电感元件对交流电的阻碍作用称为_____。	
20	纯电容元件对交流电的阻碍作用称为_____。	
21	RLC串联电路在产生谐振时，总电压与总电流同相，电路呈_____性。	
22	只有电阻和电感元件相串联的电路的性质呈_____性。	
23	只有电阻和电容元件相串联的电路的性质呈_____性。	
24	当RLC串联电路发生谐振时，电路中_____最小（要求填写中文名称）。	
25	纯电阻电路的功率因数等于_____。	
26	电路中的有功功率与视在功率的比值称为电路的_____（要求填写出中文名称）。	
27	已知某交流电路的电源电压 $u = 200\sqrt{2}\sin(\omega t-30°)$V，电路中通过的电流 $i = 2\sqrt{2}\sin(\omega t-60°)$A，则该电路呈_____性。	
28	在纯电容交流电路中，电压与电流的相位关系是电压_____电流90°。	
29	已知某正弦交流电压的相位角为30°时的电压为141V，则该正弦交流电压的有效值为_____V。	
30	有一正弦交流电流的有效值为20A，其最大值为_____A。	
31	有一正弦交流电流的有效值为20A，其平均值为_____A。	
32	相线间的电压叫作_____电压。	
33	相线与中性线间的电压叫作_____电压。	
34	在对称三相星形连接电路中，中性线电流通常为_____A。	
35	在三相四线制供电系统中，线电压是相电压的_____倍。	
36	三相电源绕组在作三角形连接时，其线电压是相电压的_____倍。	
37	电源绕组在作星形连接时，其线电压是相电压的_____倍。	
38	负载作三角形连接的三相电路，一般用于三相负载_____的情况。	

题号	试题	答案
39	三相电源的三相绕组的首端引出的三根导线叫作_____线。	
40	在三相四线制供电线路中，如果中性线断开，那么将造成各相负载两端的电压_____，负载不能正常工作，甚至会产生严重事故。	
41	正弦交流电压和正弦交流电流的波形如下图所示，频率为50Hz，u比i超前_____。	
42	在使用钳形电流表时，测量完毕要将转换开关放在_____量程处。	
43	钳形电流表主要能在_____的情况下测量交流电流。	
44	当被测电流小于5A时，为了得到较准确的读数，若条件允许，可将被测导线绕几圈后套进钳口进行测量。钳形电流表读数_____钳口内的导线根数，就是实际电流值。	
45	用数字万用表测量电阻的阻值，若量程选择开关置于"×20K"处，显示器上显示12.54，则所测电阻阻值为_____kΩ。	
46	在下图所示的RLC串联电路中，$R=10\Omega$，$L=25mH$，$C=1000pF$。当电路发生谐振时电路呈纯电阻性，此时的谐振频率$f_0=$_____Hz。	
47	在使用钳形电流表时应先用较大量程，再视被测电流的大小切换量程。在切换量程时应先将_____打开，再转动量程选择开关。	
48	小截面单股铜导线连接时，先将两导线的芯线线头作_____形交叉，然后将它们相互缠绕2圈或3圈后扳直两线头，再将每个线头在另一芯线上紧贴并密绕5圈或6圈后剪去多余线头即可。	
49	在$C=10\mu F$的电容两端加电压$u=100\sqrt{2}\sin314tV$时，电容的无功功率Q_C是_____。	

2.3 节答案可扫描二维码查看。

模块三

电容、电感和电磁

3.1 电容、电感和电磁判断题

题号	试题	答案
1	将 $C_1=3\mu F$ 和 $C_2=9\mu F$ 的两个电容串联，已知电容 C_1 上的电压 $U_1=9V$，则电容 C_2 上的电压 $U_2=3V$。	
2	任何电容在电路中连接时，可任意连接。	
3	几个电容串联后的总容量等于各电容容量之和。	
4	把电容从电源处断开后，电容两端的电压必为零。	
5	电容串、并联后的等效电容比其中任何一个电容的容量都小。	
6	几个电容并联后的等效电容比任何一个电容的容量都大。	
7	任何两根通电导体之间都存在电容。	
8	为了提高电容的耐压，可以将几个电容串联使用。	
9	电容在使用过程中都不分正负极，可以任意连接。	
10	两个 $10\mu F$ 的电容，耐压值分别为 $10V$、$20V$，这两个电容串联后的总耐压值为 $30V$。	
11	电容是储存电场能量的元件。	
12	电容的容量是不会随带电荷量的多少而变化的。	
13	电容的容量与其极板所带电荷量成正比，与其两端的电压成反比。	
14	耐压为 $220V$ 的电容不能接到电压有效值为 $220V$ 的交流电路上。	
15	电容具有隔直流、通交流的作用。	
16	电容的容量是会随带电荷量的多少而变化的。	
17	在电容充电和放电的过程中，电路中的电流没有通过电容中的电介质，是由电容充电、放电形成的电流。	
18	电容是储存磁场能量的元件。	
19	电容具有隔交流、通直流的作用。	
20	电容击穿的含义是两极板间的绝缘介质被破坏，起不到绝缘的作用，从而导致短路。	
21	电容的容量与极板之间的绝缘介质的种类无关。	
22	性能稳定的电容的容量不会随带电荷量的多少而变化。	
23	电容必须在电路中使用才有电量，因为此时才有容量。	
24	将标有"$10\mu F/50V$"和"$5\mu F/50V$"字样的两个电容串联，那么电容组的额定工作电压应为 $100V$。	
25	两个电容，一个容量较大，另一个容量较小。如果它们所带电荷量一样，那么容量较大的电容两端的电压一定比容量较小的电容两端的电压高。	

题号	试题	答案
26	若干只电容串联,容量越小的电容所带电荷量越少。	
27	电容在充电时电流与电压方向一致,电容在放电时电流和电压方向相反。	
28	平行板电容的容量与外加电压的大小无关。	
29	几个电容串联后接在直流电源上,那么各个电容所带电荷量相等。	
30	有同学说,电容串联后的等效电容总是小于其中任意一个电容的容量。	
31	容量 C 是由电容的额定电压大小决定的。	
32	电容的容量就是电容量。	
33	电容对直流电流的阻力很大,可认为是开路。	
34	电容具有充、放电的功能,是一种储能元件。	
35	电容的容量越大,通过电容的电流频率越高,容抗越大。	
36	有极性电容的长引脚是负极,短引脚是正极。	
37	有极性电容的长引脚是正极,短引脚是负极。	
38	有极性电容外壳上有色带对应的引脚为负极。	
39	有极性电容外壳上有色带对应的引脚为正极。	
40	某无极性涤纶电容上标注有"100"字样,表示该电容的容量为100pF。	
41	某电容标注有"25V/1000F"字样,表示该电容的耐压为25V,容量为1000F。	
42	某电容标注有"3n3"字样,表示该电容的容量为33pF。	
43	某电容标注有"3p3"字样,表示该电容的容量为3.3pF。	
44	有人说,$1F = 10^9 nF = 10^3 mF = 10^6 \mu F = 10^{12} pF$。	
45	某电容标注有"104"字样,该电容的容量为100000pF。	
46	某电容标注有"3m3"字样,该电容的容量为3300pF。	
47	某电容标注有"104K"字样,该电容的容量为0.1μF,容量允许偏差为±10%。	
48	下图所示电容的容量为222pF。	
49	下图所示电容在使用时没有极性之分。	
50	电解电容的正向漏电电阻越大,其漏电流越大,因此该电容的性能越差。	
51	在使用电容时其两端的电压不能超过额定值,否则电容可能被损坏或击穿。	
52	电容的容量 $1F = 10^6 nF$。	
53	某电容标注有"10"字样,该电容的容量是10μF。	
54	某电容标注有"3n3"字样,是指该电容的容量为3.3nF。	

题号	试题	答案
55	某一聚丙烯电容（此电容主要用在交流电路中）的耐压为250V，若把它用于交流220V电路中，可以正常工作。	
56	电解电容有正负极性，在焊接到电路中时极性不能颠倒。	
57	耐压为350V的电容不能接到有效值为220V的交流电路中长时间使用。	
58	电容具有通交流、阻直流，通高频、阻低频的性能。	
59	有极性的电容都是电解电容。	
60	有极性电容就是平时所说的电解电容，一般用得最多的为铝电解电容，其因为电介质为铝，所以温度稳定性及精度都很高。	
61	贴片电容是没有极性的。	
62	瓷片电容是没有极性的。	
63	色环电容和色环电阻的参数、数字和颜色标识都相同。	
64	五色环电阻或电容是非精密的电子元件。	
65	电容在PCB上的英文标识是C。	
66	某电容上标注有"332J"字样，表示该电容的容值为3300pF，允许误差为±5%。	
67	某电容上标注有"332J"字样，表示该电容的容值为3300pF，允许误差为±1%。	
68	如下图所示的手拿电容的极性与PCB上标注的极性的对应关系是正确的。	
69	如下图所示的手拿电容的极性与PCB上标注的极性的对应关系是错误的。	
70	下图所示的极性贴片电容有横杠的一端为正极，另一端为负极。	
71	下图所示的极性贴片电容有横杠的一端为负极，另一端为正极。	

题号	试题	答案
72	下图所示的电解电容的壳体上有一段灰色的且带有"-"号的引脚是负极。	
73	下图所示的电解电容的壳体上有一段灰色的且带有"-"号的引脚是正极。	
74	自感现象总是有益的。	
75	线圈中只要有磁通就会产生感应电动势。	
76	电感是一个储能元件，电感量的大小反映了它储存电能本领的强弱。	
77	当电容两端加恒定电压时，电容元件可视作开路。	
78	穿过回路的磁通量越大，感应电动势就越大。	
79	空心线圈的电感比铁芯线圈的电感大得多，且空心线圈的电感 L 为常数，不随线圈中电流的变化而变化。	
80	对于直流电来说，纯电感线圈相当于短路。	
81	当线圈结构一定时，铁芯线圈的电感是一个常数。	
82	电容串联时总容量增大，电容并联时总容量减小。	
83	线圈对直流电流的阻力很大，在通交流电时可认为短路。	
84	由于流过线圈本身的电流发生变化而引起的电磁感应属于自感现象。	
85	电感是一种非线性元件，可以储存磁能。	
86	色环电感和色环电阻的识读方法是一样的。	
87	某电感上的标注字样如下图所示，该电感的电感量为 220μH。	
88	某电感上的标注字样如下图所示，其含义是电感量为 4.7μH，允许误差为 ±10%。	
89	下图所示元件是电感线圈。	

题号	试题	答案
90	电感量的常用单位为 H（亨）、mH（毫亨）和 μH（微亨），其换算关系为 1H = 1×10^6mH =1×10^3μH。	
91	在电路图中，"⌇⌇⌇"是表示电阻的符号。	
92	颜色为棕色、红色、橙色、金色的色环电感的电感量为 10^4pH。	
93	下图所示元件为电感，其电感量为 560pH。	
94	将磁芯插入电感线圈，可以增大电感线圈的电感量。因此，在维修时可以通过调整磁芯在线圈中的位置来调节电感线圈的电感量。	
95	电感量 L 是线圈本身的固有特性，与通过线圈的电流大小无关。	
96	电感在 PCB 上的英文标识是 L。	
97	磁场强度 H、磁感应强度 B 都能描述磁场中某一点的磁场情况，都与介质无关。	
98	在用左手定则判定正电荷所受洛伦兹力的方向时，左手四指的指向是电荷运动方向的相反方向。	
99	感应电流产生的磁场总是和原磁场方向相同。	
100	感应电流产生的磁场总是和原磁场方向相反。	
101	线圈中只要有磁通就会产生感应电动势。	
102	在电磁感应现象中，感应电流的方向总是和原电流方向相反。	
103	在电磁感应现象中，感应电流的方向总是和原电流方向相同。	
104	如果把一个面积为 S 的线框放入匀强磁场中，那么通过线框的磁通一定为 $\Phi = BS$。	
105	磁场中的磁感线是平行的、等距离的、方向相反的一条条直线。	
106	洛伦兹力 f、速度 v、磁感应强度 B 三者相互垂直，f 和 v 都在与磁场方向垂直的平面内。	
107	感应电流的磁场总是要反抗原电流产生的磁场的变化。原电流增大，感应电流与原电流方向相反；原电流减小，感应电流与原电流方向相同。	
108	自感电动势的方向与线圈的绕向无关。	
109	导体切割磁感线可以产生感应电动势。	
110	楞次定律说明自感电动势的方向与电流方向相反。	
111	回路中感应电动势的大小与穿过回路的磁通量成正比。	
112	楞次定律和右手定则都可以用来判定感应电流的方向，两种方法得出的结论完全一致。	
113	判定通电螺线管的磁场方向应用左手定则。	
114	磁场中的磁感线是平行的、等距离的、方向相同的一系列直线。	
115	磁场中任意一点的磁感应强度的方向就是该点小磁针北极所指的方向。	
116	直导体切割磁感线产生的感应电动势方向可用右手定则判断。	
117	导体切割磁感线可以产生感应电动势和感应电流。	

题号	试题	答案
118	电流产生的磁场方向用左手定则判定。	
119	通电线圈在磁场中受力,当线圈平面与磁感线平行时受力最小,为零。	
120	若通过某一截面的磁通为零,则该截面处的磁感应强度一定为零。	
121	通电线圈在磁场中的受力方向可以用左手定则判别,也可以用安培定则判别。	
122	磁导率是一个用来衡量磁介质磁性能的物理量,不同的磁介质有不同的磁导率。	
123	若通电导线在磁场中某处受到的磁场力为零,则该处的磁感应强度一定为零。	
124	右手定则是判定感应电流方向最一般的规律。	
125	若通电导线在磁场中某处受到的力为零,则该处的磁感应强度一定为零。	
126	两根靠得很近的平行直导线,若通以相同方向的电流,则它们相互吸引。	
127	长为0.1m的直导线在$B=1T$的匀强磁场中以10m/s的速度运动,导线中产生的感应电动势一定是1V。	
128	在电磁感应中,感应电流和感应电动势是同时存在的;没有感应电流,就没有感应电动势。	
129	感应电流产生的磁场方向总是与原磁场方向相反。	
130	感应电流产生的磁场方向总是与原磁场变化的方向相反。	
131	导体在磁场中做切割磁感线运动,导体内一定会产生感应电流。	
132	只有闭合线圈中的磁场发生变化才能产生感应电流。	
133	线圈中有磁场存在,但不一定会产生电磁感应现象。	
134	有时通过法拉第电磁感应定律结合左手定则能判断感应电流的方向。	
135	只要导线在磁场中运动,导线中就一定能产生感应电动势。	
136	自感电动势的大小与线圈本身的电流变化率成正比。	
137	在均匀磁场中,磁感应强度B与垂直于它的截面积S的乘积叫作该截面的磁通密度。	
138	自感电动势的方向总是与产生它的电流方向相反。	
139	通过学习电磁感应,某同学总结出以下方法:用右手定则判断直导体中产生的感应电动势的方向比较简便。	
140	在使用数字式万用表检测电容时,将红表笔、黑表笔分别接触所需检测电容的两个引脚上。观察读数,若示值逐渐增大至满溢(显示为1),则表示电容正常,否则表示电容已损坏。	
141	在使用数字式万用表检测电容时,在测量前,要先把电容放电,然后根据电容上面的标识,选择相应的挡位进行测量。数值不能有误差,否则表明电容已损坏。	
142	电感具有通直流、阻交流的作用。	
143	在检查电感的绝缘性能时,线圈和铁芯间的电阻应为无穷大。	
144	在用万用表检测电解电容时,若表针摆不起来,则说明电容已经失去容量。	
145	我们可以用指针式万用表来判断电感是否开路。	
146	我们可以用指针式万用表来判断电感的电感量。	

题号	试题	答案
147	在用数字式万用表测量电容的容量时,应把电容插入 Cx 口。	
148	实训课后,某同学归纳出的指针式万用表欧姆挡各量程测电容的大致范围如下: "×10K"挡　　测量范围为 0.1～1μF "×1K"挡　　 测量范围为 1～10μF "×100"挡　　测量范围为 10～100μF "×10"挡　　 测量范围为 100～1000μF "×1"挡　　 测量范围为 1000～10000μF 该同学归纳的经验是正确的,对我们学习有帮助。	
149	在用指针式万用表测量 300μF 以上的电容时,可选用"×10"挡或"×1"挡。	
150	在用指针式万用表测量 0.01～0.47μF 的电容时,可选用"×10K"挡。	
151	选用万用表的欧姆挡,将红表笔和黑表笔分别接电容的两引线,若表针所示阻值很小或为零,而且表针不再退回无穷大处,则说明电容已经开路。	
152	选用万用表的欧姆挡,将红表笔和黑表笔分别接电容的两引线,若表针所示阻值很小或为零,而且表针不再退回无穷大处,则说明电容已经击穿短路。	
153	选择万用表的合适量程,用红表笔接电解电容的负极,黑表笔接电解电容的正极。此时,表针向 R 为零的方向摆动,摆到一定幅度后,又反向向无穷大方向摆动,直到某一位置停下,此时指针所指的阻值就是电解电容的正向漏电电阻。	
154	某些数字式万用表具有测量电容的功能。	
155	规定小磁针的北极所指的方向为磁感线的方向。	
156	磁体有 2 个磁极,分别用字母 S 和 N 表示。	
157	电磁铁的铁芯是由软磁性材料制成的。	
158	一根条形磁铁被截去一段后仍为条形磁铁,它仍然具有 2 个磁极。	
159	铁磁性物质的磁导率是一个常数。	
160	容量不相等的电容在串联后接在电源上,每个电容两端的电压与它本身的容量成反比。	
161	电感中的电流不能发生突变,电容的端电压不能发生突变。	
162	在用电力线来描述电场的分布情况时,电场越强的地方电力线越密。	
163	磁感线总是从北极指向南极,且互不相交。	
164	磁场中任意一点的磁感应强度的方向是该点小磁针 N 极所指的方向。	
165	在直流电路中,电感相当于短路,电容相当于开路。	
166	任何磁体都有 N 极和 S 极,若把磁体截成两段,则一段为 N 极,另一段为 S 极。	
167	磁感线的方向总是从 N 极指向 S 极。	
168	在磁体内部磁感线从 S 极指向 N 极。	
169	两个容量相同的电容并联的等效电容是串联的等效电容的 4 倍。	

3.1 节答案可扫描二维码查看。

3.2 电容、电感和电磁选择题

题号	试题	答案
1	下面关于电容的叙述正确的是（　　）。 A．任何两个彼此绝缘又相互靠近的导体可组成电容，与这两个导体是否带电无关 B．电容所带电荷量是指每个极板所带电荷量的代数和 C．电容的容量与电容所带电荷量成反比 D．当一个电容的电荷量增加$\Delta Q = 1.0 \times 10^{-6}$C 时，两极板间的电压升高 10V，无法确定电容的容量	
2	判断通电螺线管产生的磁场方向用（　　）。 A．左手定则　　　　　　　　B．右手定则 C．右手螺旋定则　　　　　　D．楞次定律	
3	电路图中某电容的符号如下图所示，该电容为（　　）。 A．固定电容　　　　　　　　B．涤纶电容 C．可变电容　　　　　　　　D．半可变电容	
4	电路图中某电容的符号如下图所示，该电容为（　　）。 A．固定电容　　　　　　　　B．涤纶电容 C．可变电容　　　　　　　　D．半可变电容	
5	电容如下图所示，下列说法错误的是（　　）。 A．标有"-"号的引脚为负极 B．这个电容的耐压为 80V，容量为 1000μF C．这是一个电解电容 D．这是一个可变电容	
6	电容常用的两项主要数据是容量和耐压值，电容的耐压值是根据加在它两端的电压（　　）来规定的。 A．最大值　　B．平均值　　C．有效值　　D．瞬时值	
7	在直流电路中电容相当于（　　）。 A．短路　　　　　　　　　　B．开路 C．高通滤波器　　　　　　　D．低通滤波器	
8	对于电容放电结束，下列说法错误的是（　　）。 A．电场能量为零　　　　　　B．电量为零 C．电压为零　　　　　　　　D．电容为零	

题号	试题	答案
9	如下图所示，电容两端的电压为（　　）。 （电路图：10V电源，1μF电容与1Ω电阻串联） A. 9V　　　B. 0V　　　C. 1V　　　D. 10V	
10	并联电容的容量计算公式为（　　）。 A. $C = C_1+C_2+C_3$　　　B. $1/C = 1/(C_1+C_2+C_3)$ C. $1/C = 1/C_1+1/C_2+1/C_3$　　　D. $1/C = 1/C_1C_2C_3$	
11	下列关于电容的单位换算正确的是（　　）。 A. $1F = 10^6 \mu F$　　　B. $1F = 10^2 mF$ C. $1F = 10^3 pF$　　　D. $1F = 10^4 nF$	
12	关于电容，下列说法正确的是（　　）。 A. 电容两个极板上所带电荷量相等，种类相同 B. 电容两个极板上所带电荷量相等，种类相反 C. 电容既是储能元件又是耗能元件 D. 电容的容量是无限大的	
13	平行板电容在极板面积和介质一定时，如果缩小两极板之间的距离，那么电容将（　　）。 A. 增大　　　B. 减小　　　C. 不变　　　D. 不能确定	
14	关于电容，下列说法正确的是（　　）。 A. 电容不带电的时候没有容量　　　B. 电容带电的时候才有容量 C. 容量与电容是否带电没有关系　　　D. 电容带电越多，容量越大	
15	对于一个电容，下列说法正确的是（　　）。 A. 电容两个极板间的电压越大，容量越大 B. 电容两个极板间的电压减小到原来的一半，它的容量增加到原来的2倍 C. 电容所带电量增加1倍，两个极板间的电压增加2倍 D. 平行板电容容量大小与两个极板的正对面积、两个极板间的距离及两个极板间电介质的相对介电常数有关	
16	$C=2\mu F$ 和 $C=4\mu F$ 的两个电容串联，若总电压 $U=18V$，则电容的端电压 U 为（　　）。 A. 6V　　　B. 10V　　　C. 12V　　　D. 18V	
17	平行板电容在极板面积和介质一定时，如果增大两极板之间的距离，那么容量将（　　）。 A. 增大　　　B. 减小　　　C. 不变　　　D. 不能确定	
18	电容并联电路有如下特点（　　）。 A. 并联电路的等效电容等于各个电容的容量之和 B. 每个电容两端的电流相等 C. 并联电路的总电量等于电容最大带电量 D. 电容上的电压与容量成正比	
19	两个电容 C_1 和 C_2 串联，电容 C_1 分得的电压可用（　　）算得。 A. $U_1 = \dfrac{C_1}{C_1+C_2}U$　　　B. $U_1 = \dfrac{C_2}{C_1+C_2}U$ C. $U_1 = \dfrac{C_1+C_2}{C_2}U$　　　D. $U_1 = \dfrac{C_1+C_2}{C_1}U$	

题号	试题	答案
20	据某媒体报道科学家发明了一种重型超级电容,该电容能让手机在几分钟内充满电。某同学假日登山途中用该种电容给手机电池充电,下列说法正确的是（　　）。 A．该电容在给手机电池充电时,电容的容量变大 B．该电容在给手机电池充电时,电容存储的电能变少 C．该电容在给手机电池充电时,电容所带电荷量可能不变 D．充电结束后,电容不带电,电容的容量为零	
21	两个容量为 C_1 和 C_2 的电容并联,则等效电容 C 为（　　）。 A．C_1+C_2　　B．C_1-C_2　　C．$\dfrac{C_1 C_2}{C_1+C_2}$　　D．$\dfrac{C_1 C_2}{C_1-C_2}$	
22	下列关于电容的计算公式,正确的是（　　）。 A．$C=QU$　　B．$C=\dfrac{Q}{U}$　　C．$Q=CU$　　D．$Q=\dfrac{U}{C}$	
23	电容存储的电荷量主要取决于三个因素,其中不包括（　　）。 A．电容两个极板的面积 B．两个极板间的距离 C．两个极板间介质的介电常数 D．电容的形状	
24	我们在选用电容时,应特别注意的是（　　）。 A．电容编号前缀　　　　　　B．电容放大倍数 C．电容标称值和耐压值　　　D．电容的新旧程度	
25	电容单位的大小顺序应该是（　　）。 A．毫法、皮法、微法、纳法　　B．毫法、微法、皮法、纳法 C．毫法、皮法、纳法、微法　　D．毫法、微法、纳法、皮法	
26	以下电容中容量最大的是（　　）。 A．104　　B．220　　C．471　　D．1000	
27	四色环电容的第四环为银色,其误差值是（　　）。 A．5%　　B．10%　　C．15%　　D．20%	
28	用观察法判断电解电容的引脚极性,方法正确的是（　　）。 A．电解电容的长引脚为正极 B．电解电容的长引脚为负极 C．有的电解电容的壳体上有"-"标志的一端是正极 D．面对自己,电解电容的左边引脚为正极,右边引脚为负极	
29	下列电容的单位换算正确的是（　　）。 A．1F = 1000000μF　　　B．1μF = 100000pF C．1pF = 1000000μF　　D．以上都不对	
30	两个电容的容量分别为30μF和60μF,二者串联、并联后的等效电容分别为（　　）。 A．45μF,90μF　　B．90μF,45μF C．20μF,90μF　　D．90μF,20μF	
31	下列电感的单位换算正确的是（　　）。 A．1H = 1000000μH　　　B．1H = 1000000000μH C．1mH = 1000000μH　　D．以上都是	
32	与线圈的电感无关的是（　　）。 A．匝数　　　　　B．尺寸 C．有无铁芯　　　D．外加电压	

题号	试题	答案
33	当线圈中通入（ ）时，会引起自感现象。 A．不变的电流　　　　　　B．变化的电流 C．电流　　　　　　　　　D．无法判定	
34	若线圈的形状、匝数和流过它的电流不变，只改变线圈中的媒质，则线圈内（ ）。 A．磁场强度不变，而磁感应强度变化 B．磁场强度变化，而磁感应强度不变 C．磁场强度和磁感应强度均不变 D．磁场强度和磁感应强度均改变	
35	空心线圈在插入铁芯后（ ）。 A．电感将大大增强　　　　B．电感将大大减弱 C．电感基本不变　　　　　D．不能确定	
36	在空心线圈中插入磁芯后（ ）。 A．磁通基本不变　　　　　B．磁通将减弱 C．电感将增大　　　　　　D．不能确定	
37	自感现象是指线圈本身的（ ）。 A．体积发生变化而引起的现象，如多绕几圈 B．线径发生变化而引起的现象，如用粗线代替细线 C．铁磁介质发生变化，如在空心线圈中加入铁磁介质 D．电流发生变化而引起电磁感应现象	
38	电感的单位是H，1H等于（ ）mH。 A．10　　　　B．100　　　　C．1000　　　　D．10000	
39	在恒定的匀强磁场中有一个圆形的闭合导体线圈，线圈平面垂直于磁场方向，要使线圈中产生感应电流，线圈在磁场中应（ ）。 A．沿自身所在的平面做匀速运动　B．沿自身所在的平面做匀加速运动 C．绕任意一条直径转动　　　　　D．沿磁场方向平动	
40	对于一个固定线圈，下面结论正确的是（ ）。 A．电流越大，自感电动势越大 B．电流变化量越大，自感电动势越大 C．电流变化率越大，自感电动势越大 D．电压变化率越大，线圈中的电流越大	
41	当流过线圈的电流发生变化时，线圈本身引起的电磁感应现象称为（ ）现象。 A．互感　　　B．自感　　　C．电感　　　D．以上都不对	
42	线圈自感系数的大小与（ ）无关。 A．线圈的匝数　　　　　　B．线圈的几何形状 C．周围介质的磁导率　　　D．周围环境的温度	
43	在收音机等电子产品上常常能看到几个只绕了几圈而且没有铁芯的线圈，它们的作用是（ ）。 A．阻碍高频成分，让低频和直流成分通过 B．阻碍直流成分，让低频成分通过 C．阻碍低频成分，让直流成分通过 D．阻碍直流和低频成分，让高频成分通过	
44	判断通电线圈产生的磁场的方向用（ ）。 A．电磁感应定则　　　　　B．右手螺旋定则 C．左手定则　　　　　　　D．右手定则	

题号	试题	答案
45	运动导体切割磁感线,在产生最大电动势时导体与磁感线间的夹角应为(　　)。 A. 0°　　　　B. 30°　　　　C. 45°　　　　D. 90°	
46	在匀强磁场中,通电线圈承受电磁转矩最小的位置,在线圈平面与磁感线夹角等于(　　)处。 A. 0°　　　　B. 90°　　　　C. 45°　　　　D. 180°	
47	如下图所示,有一块磁铁矿石(主要成分是Fe_3O_4)悬挂在通电螺线管的旁边,当磁铁矿石自由静止时,下列说法正确的是(　　)。 A. A端是S极　　　　　　　　　　B. A端是N极 C. B端没有磁性　　　　　　　　　D. 整块磁铁矿石没有磁性	
48	如下图所示,P、Q两枚小磁针分别放在通电螺线管的正上方和右侧,闭合开关S,小磁针静止时N极的指向为(　　)。 A. P、Q的N极均指向左侧 B. P、Q的N极均指向右侧 C. P的N极指向左侧,Q的N极指向右侧 D. P的N极指向右侧,Q的N极指向左侧	
49	下列关于楞次定律的说法正确的是(　　)。 A. 感应电流的磁场总是阻碍引起感应电流的磁通量变化 B. 感应电流的磁场总是阻止引起感应电流的磁通量变化 C. 感应电流的磁场总是与引起感应电流的磁场相反 D. 感应电流的磁场方向可能与引起感应电流的磁场方向不一致	
50	在下列几种情况中,不能产生感应电流的是(　　)。 A. 甲图,竖直面矩形闭合导线框在水平方向的匀强磁场中绕与线框在同一平面内的竖直轴匀速转动 B. 乙图,水平面上的圆形闭合导线圈静止在磁感应强度正在增大的非匀强磁场中 C. 丙图,金属棒在匀强磁场中垂直于磁场方向匀速向右运动 D. 丁图,导体棒在水平向右的恒力F作用下紧贴水平固定U形金属导轨运动	

题号	试题	答案
51	如下图所示,竖直放置的长直导线 ef 中通有恒定电流,有一个矩形线框 abcd 与导线在同一平面内,在下列情况中线圈产生感应电流的是(　　)。 A. 导线中的电流强度变大　　B. 线框向前平动 C. 线框向下平动　　D. 线框以直导线 ef 为轴转动	
52	如下图所示,靠得很近的两个悬挂的螺线管在通电后它们相互(　　)。 A. 吸引　　B. 排斥 C. 静止不动　　D. 上述说法都不正确	
53	如下图所示,通电螺线管附近放了甲、乙两个小磁针,闭合开关 S 后,甲、乙两个小磁针静止在图示位置,则它们的北极分别是(　　)。 A. a 端与 c 端　　B. b 端与 c 端 C. a 端与 d 端　　D. b 端与 d 端	
54	感应电流的方向总是使感应电流的磁场阻碍引起感应电流的磁通的变化,这一定律称为(　　)。 A. 法拉第定律　　B. 特斯拉定律 C. 楞次定律　　D. 欧姆定律	
55	下面通电的导体在磁场中受电磁力作用正确的是(　　)。	

题号	试题	答案
56	如下图所示，通电导体的受力方向为（　　）。 A．垂直向上　　B．垂直向下　　C．水平向左　　D．水平向右	
57	右手螺旋定则用于判断（　　）方向。 A．电流产生的磁场　　　　　　B．电压 C．载流导体在磁场中的受力　　D．以上都对	
58	如下图所示，在电磁铁的左侧放置一根条形磁铁，当闭合开关 S 以后，电磁铁与条形磁铁之间（　　）。 A．互相排斥　　B．互相吸引　　C．静止不动　　D．无法判断	
59	判定通电线圈产生的磁场方向用（　　）。 A．右手定则　　　　　　B．右手螺旋定则 C．左手定则　　　　　　D．楞次定律	
60	通电直导体在磁场中的受力方向可用（　　）判断。 A．右手定则　　　　　　B．安培定则 C．左手定则　　　　　　D．楞次定律	
61	通电导体在磁场中所受磁场力的大小与（　　）无关。 A．通电导线在磁场中的长度　　B．磁感应强度 C．通电电流的大小　　　　　　D．导体的材料	
62	如下图所示，导线通电后小磁针 N 极将（　　）。 A．垂直纸面向外偏转　　B．垂直纸面向里偏转 C．静止不动　　　　　　D．无法判断	
63	如下图所示，通电直导体受到的电磁力为（　　）。 A．向左　　B．向右　　C．向上　　D．向下	
64	线圈中通有恒定直流电流时，会出现（　　）情况。 A．无自感电动势，无电感　　B．有自感电动势，有电感 C．有电感，无自感电动势　　D．无电感，有自感电动势	

题号	试题	答案
65	由法拉第电磁感应定律可知，闭合电路中感应电动势的大小（　　）。 A．与穿过这一闭合电路的磁通量变化量成正比 B．与穿过这一闭合电路的磁通量成正比 C．与穿过这一闭合电路的磁通量变化率成正比 D．与穿过这一闭合电路的磁感应强度成正比	
66	如下图所示，当磁铁插入线圈时，线圈中的感应电动势（　　）。 A．由 A 指向 B，且 A 点电位高于 B 点电位 B．由 B 指向 A，且 A 点电位高于 B 点电位 C．由 A 指向 B，且 B 点电位高于 A 点电位 D．由 B 指向 A，且 B 点电位高于 A 点电位	
67	下面说法正确的是（　　）。 A．自感电动势总是阻碍电路中原来电流的增加 B．自感电动势总是阻碍电路中原来电流的变化 C．电路中的电流越大，自感电动势越大 D．电路中的电流变化量越大，自感电动势越大	
68	如下图所示，一个矩形线圈与通有相同大小电流的平行直导线在同一平面内，而且处在两导线的中央，则（　　）。 A．当两电流方向相同时，穿过线圈的磁通量为零 B．当两电流方向相反时，穿过线圈的磁通量为零 C．当两电流同向和反向时，穿过线圈的磁通量大小相等 D．由于两电流产生的磁场不均匀，因此不能判断穿过线圈的磁通量是否为零	
69	穿过线圈的磁通量发生变化，线圈中必产生（　　）。 A．感应电流　　　　　　　　　B．感应电动势 C．感应电动势和感应电流　　　D．感应电流的磁通	
70	如下图所示，磁极中间通电直导体 A 的受力方向为（　　）。 A．垂直向上　　　　　　　　　B．垂直向下 C．水平向左　　　　　　　　　D．水平向右	

题号	试题	答案
71	如下图所示，导线 abc 在磁感应强度为 B 的匀强磁场中以速度 v 向右做匀速运动，导线长为 $ab = bc = L$，则（　　）。 A. $U_{ac} = 2BLv$　　　　　　　B. $U_{ac} = BLv\sin\theta$ C. $U_{ac} = BLv\cos\theta$　　　　　D. $U_{ac} = 2BLv\sin\theta$	
72	在电磁感应现象中，感应电流的磁场方向总是（　　）。 A. 与原磁场方向相反　　　　B. 与原磁场方向相同 C. 阻碍原磁场的变化　　　　D. 阻碍磁场的磁通变化效率	
73	判断感应电流方向的方法有（　　）。 A. 左手定则和右手定则　　　B. 左手定则和安培定则 C. 右手定则和楞次定律　　　D. 右手定则和右手螺旋定则	
74	下列现象中属于电磁感应现象的是（　　）。 A. 通电直导体产生磁场　　　B. 通电直导体在磁场中运动 C. 变压器铁芯被磁化　　　　D. 线圈在磁场中转动发电	
75	当导线和磁感线发生相对切割运动时，导线中会产生感应电动势，它的大小与（　　）有关。 A. 电流强度　　B. 电压强度　　C. 方向　　D. 导线有效长度	
76	判定通电导线或通电线圈产生的磁场方向用（　　）。 A. 右手定则　　　　　　　　B. 右手螺旋定则 C. 左手定则　　　　　　　　D. 楞次定律	
77	在下列电磁感应现象中，说法正确的是（　　）。 A. 导体相对磁场运动，导体内一定会产生感应电流 B. 导体做切割磁感应线运动，导体内一定会产生感应电流 C. 只要穿过闭合电路的磁通量发生变化，电路中就一定有感应电流 D. 只要闭合电路在磁场内做切割磁感线运动，电路中就一定有感应电流	
78	判断磁场对通电导线的作用力的方向用（　　）。 A. 左手定则　　　　　　　　B. 右手定则 C. 右手螺旋定则　　　　　　D. 安培定则	
79	下列说法正确的是（　　）。 A. 一段通电导线在磁场某处受的磁场力大，则该处的磁感应强度大 B. 磁感线越密，磁感应强度越大 C. 通电导线在磁场中受到的力为零，则该处磁感应强度为零 D. 在磁感应强度为 B 的匀强磁场中，放入一个面积为 S 的线圈，则通过该线圈的磁通一定为 $\Phi = BS$	
80	如下图所示，直线电流 I_1 与通以 I_2 的矩形线圈处于同一平面上，线框所受磁场力的合力方向为（　　）。 A. 向右　　B. 向左　　C. 向上　　D. 向下	

题号	试题	答案
81	如下图所示，处在磁场中的载流导体受到的磁场力的方向是（　　）。 A．垂直于纸面向外　　　　B．垂直于纸面向里 C．向上　　　　　　　　　D．向下	
82	某 N 匝线圈放在匀强磁场 B 中，线圈的面积为 S，线圈所处平面的法线与磁场的夹角为 θ，当线圈中通入电流 I 时，线圈所受的磁场力矩 $M=$（　　）。 A．$BIS\cos\theta$　　　　　　B．$NBIS\cos\theta$ C．$BIS\sin\theta$　　　　　　D．$NBIS\sin\theta$	
83	当电容漏电时，用指针式万用表电阻"×10K"挡测量，在万用表上反映出来的现象是（　　）。 A．指针不偏转 B．指针偏转不返回∞，停在 0 位置 C．指针偏转不返回，停在 20 的位置 D．无法观察出来	
84	当电容损坏需要更换时，下面操作正确的是（　　）。 A．高频电容可以替代低频电容 B．低频电容可以替代高频电容 C．耐压低的电容可以替代耐压高的电容 D．在没有规定时可以任意代换，不会对电路造成影响	
85	在断定电感质量时，下列情况中可以用指针式万用表测量出来的是（　　）。 A．品质因数　　　　　　　B．电感性能好坏 C．电感是否断路　　　　　D．电感的电感量	
86	电容 C_1 和电容 C_2 串联后接在直流电路中，若 $C_1=3C_2$，则电容 C_1 两端的电压是电容 C_2 两端的电压的（　　）。 A．3 倍　　　B．9 倍　　　C．1/9　　　D．1/3	
87	如下图所示，每个电容的容量都是 3μF，额定工作电压都是 100V，那么整个电容组的等效电容是（　　）。 A．4.5μF　　　B．2μF　　　C．6μF　　　D．1.5μF	
88	下列关于磁场的说法中正确的是（　　）。 A．磁场只有在磁极与磁极、磁极与电流发生相互作用时才产生 B．磁场是为了解释磁极间的相互作用而人为设定的 C．磁极和磁极之间是直接发生相互作用的 D．磁场和电场一样，是客观存在的特殊物质	

题号	试题	答案
89	在下面四幅图中，正确标明了通电导线所受安培力 F 的方向的是（　　）。 A. B. C. D.	
90	法拉第电磁感应定律可以这样表述：在闭合电路中感应电动势的大小（　　）。 A．与穿过这一闭合电路的磁通变化率成正比 B．与穿过这一闭合电路的磁通成正比 C．与穿过这一闭合电路的磁通变化量成正比 D．与穿过这一闭合电路的磁感应强度成正比	
91	要确定磁铁的N极与S极，下列方法中正确的是（　　）。 A．将磁铁支在针尖上，并使它能在水平面上自由转动，指南的一端为S极 B．用它去吸引一枚铁钉，吸引的一端是N极 C．用已知磁体的N极去靠近待测磁铁的一端，若待测磁铁被吸引，则此端为N极 D．以上方法都正确	
92	关于电场强度和磁感应强度，下列说法正确的是（　　）。 A．电场强度处处相等的区域内电位也一定处处相等 B．由公式 $B=\dfrac{F}{IL}$ 可知，小段通电导线在某处若不受磁场力，则此处一定无磁场 C．电场强度的定义式 $E=\dfrac{F}{q}$ 适用于任何电场 D．磁感应强度的方向就是置于该处的通电导线所受的安培力方向	
93	在用指针式万用表检测质量完好的电容时指针摆动后应该（　　）。 A．保持不动　　B．逐渐回摆　　C．来回摆动　　D．走走停停	
94	电容可用指针式万用表的（　　）挡进行检查。 A．电压　　B．电流　　C．电阻　　D．电容	
95	关于磁感线，下列说法正确的是（　　）。 A．磁感线是客观存在的有方向的曲线 B．磁感线总是始于N极终于S极 C．磁感线上的箭头表示磁场方向 D．磁感线上某处小磁针静止时，N极所指方向应与该处曲线的切线方向一致	
96	关于磁场和磁感线，下列说法正确的是（　　）。 A．磁铁是磁场的唯一来源 B．磁感线由磁体的N极出发到S极终止 C．两磁感线空隙处不存在磁场 D．自由转动的小磁针放在通电螺线管内部，其N极指向通电螺线管磁场的S极	
97	在用万用表电阻挡检测大容量电容的质量时，若指针偏转后回不到起始位置，而停在刻度盘的某处，则说明（　　）。 A．电容内部短路　　　　　　B．电容内部开路 C．电容存在漏电现象　　　　D．电容的容量太小	

题号	试题	答案
98	下列与磁导率有关的物理量是（　　）。 A．磁感应强度　　　　B．磁通 C．磁场强度　　　　　D．磁阻	
99	若一通电直导线在匀强磁场中受到的磁场力为最大值，则此时通电直导线与磁感线的夹角为（　　）。 A．0°　　　B．90°　　　C．30°　　　D．30°	
100	磁通量的单位是（　　）。 A．B　　　B．Wb　　　C．T　　　D．MB	
101	磁感线上任意一点的（　　）方向就是该点的磁场方向。 A．指向N极的　B．切线　　C．直线　　D．曲线	
102	在磁体中，磁性最强的部位在（　　）。 A．中间　　　　　　　B．两极 C．中间与两极之间　　D．均匀分布	
103	在某一电路中，需要接入一只容量为16μF、耐压为800V的电容，现只有数个容量为16μF、耐压为450V的电容，为达到上述要求，需将（　　）。 A．2个容量为16μF电容串联后接入电路 B．2个容量为16μF电容并联后接入电路 C．4个容量为16μF电容先两两并联，再串联接入电路 D．无法达到上述要求	
104	磁体周围磁感线的分布情况是（　　）。 A．在一个平面上　　　　B．在磁体周围的空间 C．磁感线的分布都是均匀的　D．以上说法都不对	
105	把下列物体放在磁场中，不会受到磁力作用的是（　　）。 A．镍棒　　　B．铝棒　　　C．铁块　　　D．小磁针	
106	下列说法错误的是（　　）。 A．磁感线是磁场中实际存在的曲线 B．在磁体外部，磁感线从N极出发，指向S极 C．磁场虽然看不见，摸不到，但它确实存在 D．磁感线是一种假想曲线，是不存在的	
107	关于磁通量，下列说法正确的是（　　）。 A．磁场中某一面积S与该处磁感应强度B的乘积叫作磁通量 B．磁场中穿过某一面积磁通量的大小等于穿过该面积的磁感线的总条数 C．穿过闭合曲面的磁通量不为零 D．以上说法都不对	
108	下列各种说法中正确的是（　　）。 A．磁通量大，一定是磁感应强度大 B．磁感应强度大，磁通量也大 C．磁感应强度很大，而磁通量可以为零 D．以上说法都不对	
109	变压器铁芯的材料是（　　）。 A．硬磁材料　　　　　B．软磁材料 C．矩磁材料　　　　　D．逆磁材料	

题号	试题	答案
110	电容 C_1 和电容 C_2 串联后接在直流电路中，若 $C_1=3C_2$，则电容 C_1 两端的电压是电容 C_2 两端的电压的（　　）。 A. 3 倍　　　B. 9 倍　　　C. 1/9　　　D. 1/3	
111	两个平行金属板带等量异种电荷，要使两个极板间的电压加倍，可采用的办法有（　　）。 A. 两个极板的电荷量加倍，距离变为原来的 4 倍 B. 两个极板的电荷量加倍，距离变为原来的 2 倍 C. 两个极板的电荷量减半，距离变为原来的 4 倍 D. 两个极板的电荷量减半，距离变为原来的 2 倍	
112	若把一个电容的极板面积加倍，并使两个极板间的距离减半，则（　　）。 A. 容量增大到原来的 4 倍　　　B. 容量减半 C. 容量加倍　　　D. 容量保持不变	
113	C_1 和 C_2 两个电容的额定值分别为 200pF/500V、300pF/900V，串联后外加 1000V 的电压，则（　　）。 A. 电容 C_1 被击穿，电容 C_2 不被击穿 B. 电容 C_1 先被击穿，电容 C_2 后被击穿 C. 电容 C_2 先被击穿，电容 C_1 后被击穿 D. 电容 C_1、电容 C_2 均不被击穿	
114	电容 C_1 和一个容量为 8μF 的电容 C_2 并联，总容量为电容 C_1 的 3 倍，那么电容 C_1 的容量为（　　）。 A. 2μF　　　B. 4μF　　　C. 6μF　　　D. 8μF	
115	一个平行板电容与电源相连，开关闭合后，电容极板间的电压为 U，电容极板上的电荷量为 Q，在不断开电源的条件下，把两个极板间的距离拉大一倍，则（　　）。 A. U 不变，Q 和 C 都减小一半　　　B. Q、U 都不变，C 减小一半 C. U 不变，C 减小一半，Q 增大一倍　　　D. Q 不变，C 减小一半，U 增大一倍	
116	将 1μF 与 2μF 的电容串联后接在 30V 的电源上，则 1μF 电容的端电压为（　　）。 A. 10V　　　B. 15V　　　C. 20V　　　D. 30V	
117	两个 10μF 的电容并联后的等效电容为（　　）μF。 A. 10　　　B. 5　　　C. 20　　　D. 8	
118	当某电容两端的电压为 40V 时，它所带的电荷量是 0.2C，若它两端的电压降到 30V，则（　　）。 A. 电荷量保持不变　　　B. 电容保持不变 C. 电荷量减少一半　　　D. 电容减小	
119	两个电容，$C_1=30μF$，耐压为 12V，$C_2=50μF$，耐压为 12V，将它们串联后接在 24V 电源上，则（　　）。 A. 两个电容都能正常工作 B. 两个电容都会被击穿 C. 电容 C_1 被击穿，电容 C_2 正常工作 D. 电容 C_2 被击穿，电容 C_1 正常工作	
120	把两个容量为 2000pF 的电容并联，并联后的等效电容为（　　）pF。 A. 1000　　　B. 2000　　　C. 4000　　　D. 以上都不对	
121	两个电容并联，若 $C_1=2C_2$，则电容 C_1、电容 C_2 所带电荷量 Q_1、Q_2 的关系是（　　）。 A. $Q_1=2Q_2$　　　B. $2Q_1=Q_2$ C. $Q_1=Q_2$　　　D. 不能确定	

题号	试题	答案
122	两个电容串联,若 $C_1 = 2C_2$,则电容 C_1、电容 C_2 所带电荷量 Q_1、Q_2 的关系是(　　)。 A. $Q_1 = 2Q_2$　　　　　　　　　B. $2Q_1 = Q_2$ C. $Q_1 = Q_2$　　　　　　　　　D. 不能确定	
123	容量分别为 $1\mu F$ 与 $2\mu F$ 的电容串联后接在 30V 的电源上,则容量为 $2\mu F$ 的电容的端电压为(　　)V。 A. 10　　　　B. 15　　　　C. 20　　　　D. 30	
124	两个容量相同的电容并联之后的等效电容与它们串联之后的等效电容之比为(　　)。 A. 1:4　　　　B. 4:1　　　　C. 1:2　　　　D. 2:1	
125	当某电容两端的电压为 40V 时,它所带的电荷量是 0.2C,若它两端的电压降到 10V,则(　　)。 A. 电荷量保持不变　　　　　　　B. 电容保持不变 C. 电荷量减少一半　　　　　　　D. 电荷量减小	
126	如下图所示,电容两端的电压 $U_C = $(　　)。 A. 9V　　　　B. 0V　　　　C. 1V　　　　D. 10V	
127	如下图所示,每个电容的容量都是 $3\mu F$,额定工作电压都是 100V,那么整个电容组的等效电容和额定工作电压分别是(　　)。 A. $4.5\mu F$,200V　　　　　　B. $4.5\mu F$,150V C. $2\mu F$,150V　　　　　　　D. $2\mu F$,200V	
128	电容两个 C_1 为 10pF/100V,电容 C_2 为 30pF/50V,则两个电容并联后的等效电容及电路耐压分别为(　　)。 A. 7.5pF,50V　　　　　　　　B. 40pF,50V C. 7.5pF,150V　　　　　　　　D. 40pF,150V	
129	a、b 两个电容如图1所示,图2是它们的部分参数,由此可知,a、b 两个电容的容量之比为(　　)。 A. 1:10　　　B. 4:5　　　C. 8:1　　　D. 64:1 图1　　　　　　　　　　　图2	

3.2 节答案可扫描二维码查看。

3.3 电容、电感和电磁填空题

题号	试题	答案
1	以空气为介质的平行板电容，若增大两个极板的正对面积，容量将_____。	
2	以空气为介质的平行板电容，若增大两个极板间的距离，容量将_____。	
3	以空气为介质的平行板电容，若插入某种介质，容量将_____。	
4	在 PCB 上大写字母 C 表示的元件是_____。	
5	某电容的标称值为"10μF，±10%，160V"，在使用该电容时工作电压不能超过_____V。	
6	使电容带电的过程称为_____。	
7	电容是_____的固有属性。	
8	电容串联后，容量大的电容分配的电压_____。（选填"大"或"小"）	
9	通电线圈中插入铁芯后，它所产生的磁通会_____。（选填"增大"、"减小"或"不变"	
10	在 PCB 上大写字母 L 表示的元件是_____。	
11	感应电流的方向总是使感应电流的磁场阻碍引起感应电流的磁通的变化，称为_____定律。	
12	通电环形线圈产生磁场的方向可用_____定则判定。	
13	电磁感应现象是科学家_____首先发现的。	
14	在下图所示的电路中，开关 S 闭合的瞬间，铜环 A 向_____方向运动。	
15	磁场对电流有作用力的方向用_____定则判定。	
16	通电直导线能产生磁场，电流的磁场分布情况用_____定则判定。	
17	利用磁场也能获得电流，其电流方向用_____定律判定。	
18	下图所示为右手定则的应用，四指所指方向为_____的方向。	
19	下图所示为右手定则的应用，拇指所指方向为导线_____的方向。	

题号	试题	答案
20	如下图所示，在用右手螺旋定则判定通电线圈产生的磁场方向时，拇指的方向是磁场的_____极。（选填"N"或"S"）	
21	电感和电容都是_____元件。	
22	用指针式万用表检测较大容量电容的质量时，应将万用表拨到_____挡。	
23	用指针式万用表判别较大容量电容的质量时，若指针偏转到零欧姆位置后不再回去，说明电容已_____。	
24	某电容的标称值为"10μF，±10%，160V"，在电容正常情况下测量该电容的容量最小可能为_____μF。	
25	某电容的标称值为"10μF，±10%，160V"，在电容正常情况下测量该电容的容量最大可能为_____μF。	
26	磁感线的方向，在磁体_____部由 S 极指向 N 极。	
27	磁感线的方向，在磁体_____部由 N 极指向 S 极。	
28	某一电容，外加电压 $U = 20V$，测得 $q = 4×10^{-8}C$，则电容 $C = $ _____F。	
29	有一直导体，其长度为 20cm，通 5A 电流，磁感应强度为 0.4T。若磁感应强度的方向与直导体平行，则磁场力 F 为_____N。	
30	有一直导体，其长度为 20cm，通 5A 电流，磁感应强度为 0.4T。若磁感应强度方向与电流方向的夹角为 30°，则磁场力的大小为_____N。	
31	有一直导体，其长度为 20cm，通 5A 电流，磁感应强度为 0.4T。若磁感应强度方向与直导体垂直，则磁场力为_____N。	
32	某电容上标有"220V/300μF"字样，在正常工作时允许加在其两端的交流电压峰值不能超过_____V。	
33	平行板电容的容量与两个极板的正对面积成正比，当正对面积减少一半时，它的容量减少_____。	
34	将 10μF、50V 和 5μF、50V 的两个电容并联，那么电容组的额定工作电压为_____V。	
35	将 50μF 的电容充电到 100V，这时电容储存的电场能是_____J。	

3.3 节答案可扫描二维码查看。

模块四

三相电动机与控制

4.1 三相电动机与控制判断题

题号	试题	答案
1	下图所示为电动机绕组星形接法。	
2	下图所示为电动机绕组三角形接法。	
3	下图所示为电动机绕组星形接法。	
4	如图所示为电动机绕组三角形接法。	
5	电动机绕组星形接法是将三个绕组的每一端接三相电压的一相,另一端接在一起。	
6	三个绕组首尾相连,在三个连接端分别接三相电压,称为三角形接法。	
7	三相笼型电动机都可以采用星形—三角形降压启动。	
8	三相电动机的转子和定子要同时通电才能工作。	
9	将三相异步电动机的相序由 A—B—C—A 改为 C—A—B—C 即可改变其转动方向。	

题号	试题	答案
10	任意调换三相异步电动机两相绕组与电源的接线即可改变旋转磁场的方向，实现电动机反转。	
11	在选用低压断路器时，断路器的额定电压可以小于电源和负载的额定电压。	
12	调换电动机任意两相绕组与电源接的接线，电动机会先反转再正转。	
13	三相异步电动机降压启动，与直接启动相比，启动电流变小，启动转矩变大。	
14	在安装断路器时，手柄要向上装。在接线时，电源线接在上端，下端接用电设备。	
15	熔断器是一种起安全保护作用的器件，当电网或电动机发生过载或短路时能自动切断电路。	
16	热继电器在电路中起的作用是短路保护。	
17	依靠交流接触器的辅助常闭（动断）触点实现的互锁机制称为机械互锁。	
18	控制按钮可以用来控制继电器—接触器控制电路中的主电路的通、断。	
19	大电流的主回路需要短路保护，小电流的控制回路不需要短路保护。	
20	交流接触器的辅助常开（动合）触点在电动机控制电路中主要起自锁作用。	
21	热继电器发热元件上通过的电流是电动机的工作电流。	
22	任意对调电动机两相定子绕组与电源相连的顺序，即可实现电动机反转。	
23	熔断器是一种最简便有效的短路保护器件。	
24	热继电器在电路中既可作短路保护，又可作过载保护。	
25	接触器按主触点通过电流的种类分为直流和交流两种。	
26	低压断路器是开关器件，不具备过载保护、短路保护、失压保护功能。	
27	在电动机正反转控制电路中，用复合按钮能够实现可靠的联锁。	
28	电动机正反转控制电路为了保证启动和运行的安全性，要采取电气上的互锁控制。	
29	螺旋式熔断器电源进线接底座芯的接线端，出线接和螺旋口导通的接线端。	
30	容量小于 10kW 的笼型异步电动机一般采用全电压直接启动。	
31	接触器的额定电流指的是线圈的电流。	
32	接触器的额定电压指的是线圈的电压。	
33	交流接触器的衔铁无短路环。	
34	按钮的文字符号为 SB。	
35	下图所示为三相异步电动机的符号。	
36	下图所示为接触器常开（动合）辅助触点的符号。	
37	下图所示为接触器常闭（动断）辅助触点的符号。	

题号	试题	答案
38	下图所示为接触器常开（动合）辅助触点的符号。	
39	下图所示为接触器常闭（动断）辅助触点的符号。	
40	下图所示为常闭（动断）按钮的符号。	
41	下图所示为常开（动合）按钮的符号。	
42	下图所示为常闭（动断）按钮的符号。	
43	下图所示为常开（动合）按钮的符号。	
44	下图所示为组合按钮的符号。	
45	电气原理图中的所有元器件均按未通电状态或无外力作用时的状态画出。	
46	下图所示为电动机单向自锁控制电路原理图，图中的 SB_1 为启动按钮，SB_2 为停止按钮。	

题号	试题	答案
47	下图所示电路可以作为三相异步电动机正反转控制电路,但不够完善。	
48	下图所示为有错误的三相异步电动机正反转控制电路。通电后,按住启动按钮 SB_1 不松开,出现的现象为 KM_1 不断通电断电。	
49	正在运行的三相异步电动机突然有一相断路,电动机会立即停下来。	
50	热继电器和过电流继电器在起过载保护作用时可相互替代。	
51	在实训时,若用刀开关来控制电动机,则可以选用额定电压和额定电流等于电动机的额定电压和额定电流的刀开关。	
52	三相异步电动机在空载下启动时的启动电流小;在满载下启动时的启动电流大。	
53	三相异步电动机在满载和空载下启动时的启动电流是一样的。	
54	低压断路器不仅具有短路保护、过载保护功能,还具有失压保护功能。	
55	在检修电动机控制电路时,若电动机不转,发出嗡嗡声,且在松开停止按钮时两相触点有火花,则说明电动机主电路有一相断路。	
56	绝缘电阻表在摇测电动机绝缘电阻时,可将 L 端或 E 端接至电动机的外壳。	
57	绝缘电阻表可用来测量电动机绕组的直流电阻。	
58	在用手探摸电动机温度时,必须用手背去摸,不能用手心去摸。	
59	可以用万用表电阻挡和电池配合判别电动机定子绕组的首末端,也可以利用转子的剩磁和万用表判别电动机定子绕组的首末端。	

4.1 节答案可扫描二维码查看。

4.2 三相电动机与控制选择题

题号	试题	答案
1	电动机铭牌上标注的额定功率是指电动机的（　　）。 A．有功功率　　B．无功功率　　C．视在功率　　D．总功率	
2	三相异步电动机的转速公式为（　　）。 A. $n_1=60f_1p$　　B. $n_1=60/f_1p$　　C. $n_1=60f_1/p$　　D. $n_1=60p/f_1$	
3	电动机能否全压直接启动与（　　）无关。 A．电网容量　　　　　　　B．电动机的型式 C．环境温度　　　　　　　D．启动次数	
4	中小容量异步电动机的过载保护一般采用（　　）。 A．熔断器　　B．磁力启动器　　C．热继电器　　D．电压继电器	
5	大型异步电动机不允许直接启动，其原因是（　　）。 A．机械强度不够　　　　　B．电动机温升过高 C．启动过程太快　　　　　D．对电网冲击太大	
6	采用星形—三角形降压启动的电动机，在正常工作时定子绕组应（　　）。 A．接成三角形　　　　　　B．接成星形 C．接成星形或三角形　　　D．中间带抽头	
7	下图所示为星形—三角形降压启动控制电路。虚线框内缺失的元器件符号是（　　）。 A. KM△　　B. KM　　C. KM△　　D. KMY	
8	三相异步电动机采用星形—三角形启动时，下列说法中错误的是（　　）。 A．正常运行时作三角形连接　　B．启动时作星形连接 C．可以减小启动电流　　　　　D．适合要求重载启动的场合	
9	三相笼型异步电动机直接启动电流过大，一般可达额定电流的（　　）倍。 A．2～3　　B．3～4　　C．4～7　　D．10	
10	三相笼型电动机采用星形—三角形降压启动，适用于正常工作时（　　）接法的电动机。 A．三角形　　B．星形　　C．两个都行　　D．两个都不行	

题号	试题	答案
11	电动机铭牌上的接法标为"380V/220V，Y/△"，当电源线电压为220V时，电动机就接成（　　）。 A．星形　　　　B．三角形　　　　C．星形—三角形　　D．三角形—星形	
12	电动机铭牌上的接法标为"380V △"，当电源线电压为380V时，电动机就接成（　　）。 A．星形　　　　B．三角形　　　　C．星形—三角形　　D．三角形—星形	
13	将三相交流电动机绕组末端连接成一点，始端引出端与三相电源连接的接法称为（　　）连接。 A．三角形　　　B．圆形　　　　　C．星形　　　　　D．双层	
14	降压启动是指启动时降低加在电动机（　　）绕组上的电压，在运转后再使其电压恢复到额定电压。 A．转子　　　　B．定子　　　　　C．定子及转子　　D．铁芯	
15	三相异步电动机虽然种类繁多，但基本结构均由（　　）和转子两大部分组成。 A．外壳　　　　B．定子　　　　　C．罩壳　　　　　D．机座	
16	异步电动机在启动瞬间转子绕组中的感应电流很大，这使得流过定子的启动电流也很大，一般可达额定电流的（　　）倍。 A．2　　　　　B．3～5　　　　　C．9～10　　　　D．4～7	
17	在电动机的铭牌上，"△"表示（　　）。 A．三角形连接　　　　　　　　　B．星形连接 C．三角形连接与星形连接　　　　D．任意连接	
18	调换电动机任意两相绕组所接的电源接线，电动机会（　　）。 A．停止转动　　B．转向不变　　　C．反转　　　　　D．先反转再正转	
19	改变三相异步电动机转子的转向，可以通过（　　）来实现。 A．改变三相交流电的相序　　　　B．改变励磁绕组中电流的方向 C．改变电枢绕组首末端的接线方式　D．改变电枢电流的方向	
20	改变三相异步电动机转子转向的方法是（　　）。 A．将定子绕组的星形连接改成三角形连接 B．将定子绕组的三角形连接改成星形连接 C．将定子绕组接到电源上的三根导线中的任意两根对调一下 D．将定子绕组的星形—三角形连接改成三角形—星形连接	
21	三相异步电动机如果要实现反转，需要将通入定子绕组中的三相电源相序（　　）。 A．保持不变　　　　　　　　　　B．改变任意两相相序 C．变与不变均可　　　　　　　　D．以上说法都不对	
22	对下述四个开关描述正确的是（　　）。 图（a）　　图（b）　　图（c）　　图（d） A．图（a）为单刀—双掷开关；图（b）为双刀—单掷开关；图（c）为单刀—单掷开关；图（d）为双刀—双掷开关 B．图（a）为单刀—单掷开关；图（b）为双刀—单掷开关；图（c）为单刀—双掷开关；图（d）为双刀—单掷开关 C．图（a）为单刀—单掷开关；图（b）为双刀—单掷开关；图（c）为单刀—双掷开关；图（d）为双刀—双掷开关 D．图（a）为单刀—双掷开关；图（b）为双刀—双掷开关；图（c）为单刀—单掷开关；图（d）为双刀—单掷开关	

题号	试题	答案
23	选择交流接触器可以不考虑（　　）因素。 A．电流的种类　　　　　　　　B．导线的材质 C．主电路的参数　　　　　　　D．工作制	
24	下图所示为控制小车自动往返的电气控制线路和四个位置开关的安装位置示意图，KM₁线圈得电代表小车向前运行，KM₂线圈得电代表小车向后运行，则电气控制线路上的①、②、③、④四处对应的位置开关分别是（　　）。 A．SQ₁、SQ₂、SQ₃、SQ₄　　　　B．SQ₁、SQ₂、SQ₄、SQ₃ C．SQ₂、SQ₁、SQ₄、SQ₃　　　　D．SQ₂、SQ₁、SQ₃、SQ₄	
25	下列电气设备中不能实现短路保护功能的是（　　）。 A．熔断器　　　B．热继电器　　　C．断路器　　　D．过电流继电器	
26	在电动机控制电路中，低压断路器（　　）功能。 A．有短路保护，有过载保护　　　B．有短路保护，无过载保护 C．无短路保护，有过载保护　　　D．无短路保护，无过载保护	
27	在电动机正反转控制电路中，各个接触器的常闭（动断）触点互相串联在对方接触器线圈电路中的目的是（　　）。 A．保证两个接触器不能同时动作　　B．灵活控制电动机正反转运行 C．保证两个接触器可靠工作　　　　D．起自锁作用	
28	三相异步电动机的转子电流是（　　）。 A．由外部交流电源提供的　　　　B．由外部直流电源提供的 C．通过自感应产生的　　　　　　D．由电磁感应产生的	
29	甲、乙两个接触器要想实现互锁控制，应（　　）。 A．在甲接触器的线圈电路中串入乙接触器的常闭触点 B．在乙接触器的线圈电路中串入甲接触器的常闭触点 C．在两接触器的线圈电路中互串对方的常闭触点 D．在两接触器的线圈电路中互串对方的常开触点	
30	熔断器在作为短路保护器件时是（　　）于被保护电路中的。 A．并联　　　　　　　　　　　B．串联 C．串联或并联都可以　　　　　D．以上说法都不对	

题号	试题	答案
31	如下图所示，电路中的 SB_1、SB_2 和 FR 的作用分别是（　　）。 A. 连续启动、点动控制和停止控制 B. 两地启动控制和过载保护 C. 连续启动、点动控制和过载保护 D. 顺序启动控制、点动控制和过载保护	
32	把线圈额定电压为 220V 的交流接触器线圈误接入 380V 的交流电源上，会发生的故障是（　　）。 A. 接触器正常工作　　　　B. 接触器产生强烈震动 C. 烧毁线圈　　　　　　　D. 烧毁触点	
33	下列电气设备不能用来控制主电路通断的是（　　）。 A. 交流接触器　　　　　　B. 低压断路器 C. 刀开关　　　　　　　　D. 热继电器	
34	熔断器的额定电流是指（　　）。 A. 熔管额定值　　　　　　B. 熔体额定值 C. 被保护电气设备的额定值　D. 其本身截流部分和接触部分发热允许值	
35	下列电气设备属于主令电器的是（　　）。 A. 断路器　　B. 接触器　　C. 电磁铁　　D. 行程开关	
36	主令电器的任务是（　　）。 A. 切换主电路　　　　　　B. 切换信号电路 C. 切换测量电路　　　　　D. 切换控制电路	
37	电动机控制电路中的欠压保护环节、失压保护环节是依靠（　　）的作用实现的。 A. 热继电器　　　　　　　B. 时间继电器 C. 接触器　　　　　　　　D. 熔断器	
38	电气控制电路中的自锁环节的作用是保证电动机控制系统（　　）。 A. 有点动控制功能　　　　B. 有定时控制功能 C. 启动后连续运行功能　　D. 自动降压启动功能	
39	电气控制电路中的自锁环节是将接触器的（　　）并联于启动按钮两端。 A. 辅助常开触点　　　　　B. 辅助常闭触点 C. 主触点　　　　　　　　D. 线圈	
40	当两个接触器形成互锁时，应将其中一个接触器的（　　）串联于另一个接触器的控制回路中。 A. 辅助常开触点　　　　　B. 辅助常闭触点 C. 主触点　　　　　　　　D. 辅助触点常开或辅助常闭触点	

题号	试题	答案
41	在实际工作中三相异步电动机正反转控制电路最常用、最可靠的是采用（　　）。 A．倒顺开关　　　　　　　　B．接触器联锁 C．按钮联锁　　　　　　　　D．按钮与接触器双重联锁	
42	熔断器的作用是（　　）。 A．控制行程　　　　　　　　B．控制速度 C．短路或严重过载保护　　　　D．弱磁保护	
43	交流接触器的作用是（　　）。 A．频繁通断主回路　　　　　　B．频繁通断控制回路 C．保护主回路　　　　　　　　D．保护控制回路	
44	三相异步电动机若想实现正反转，可以（　　）。 A．调换三相电源中的两相　　　B．三相都调换 C．接成星形　　　　　　　　　D．接成三角形	
45	三相异步电动机在不增加启动设备的同时能适当增加启动转矩的一种降压启动方法是（　　）。 A．定子串联电阻降压启动　　　B．定子串联自耦变压器降压启动 C．星形—三角形降压启动　　　D．延边三角形降压启动	
46	（　　）不仅能在正常工作时不频繁接通和断开电路，而且能在电路发生过载、短路或失压等故障时自动切断电路，有效地保护串接在它后面的电气设备。 A．刀开关　　　　　　　　　　B．低压断路器 C．组合开关　　　　　　　　　D．行程开关	
47	交流接触器除了具有接通和断开主电路和控制电路的功能，还可以实现（　　）保护。 A．短路　　　　　　　　　　　B．欠压 C．过载　　　　　　　　　　　D．无保护功能	
48	如下图所示，KM_1、KM_2 的常闭触点实现的控制功能是（　　）。 A．正反转控制　　　　　　　　B．互锁控制 C．自锁控制　　　　　　　　　D．顺序控制	
49	电动机星形—三角形降压启动，是指启动时把定子三相绕组作（　　）连接。 A．三角形　　B．星形　　C．延边三角形　　D．X形	

题号	试题	答案
50	螺旋式熔断器的结构如下图所示，它在电路中的正确装接方法是（　　）。 A. 电源线应接上接线座，负载线应接下接线座 B. 电源线应接下接线座，负载线应接上接线座 C. 没有固定规律，可随意连接 D. 电源线应接瓷座，负载线应接瓷帽	
51	热继电器在电动机控制线路中，不能作为（　　）器件使用。 A. 短路保护　　B. 过载保护　　C. 缺相保护　　D. 电流不平衡保护	
52	下图所示为单向启停控制电路接线示意图，该电路不具有的功能是（　　）。 A. 短路保护和过载保护　　　　B. 欠压保护和失压保护 C. 失压保护和过载保护　　　　D. 联锁保护和过载保护	
53	下图所示为某同学安装的电动机点动控制线路。他在实训报告中总结了以下几点，其中说法不正确的是（　　）。 A. 体积大的元器件和质量大的元器件应安装在电气安装板的下面，发热元器件应安装在电气安装板的上面 B. 各元器件的型号应与电路图和元器件清单上列出的元器件型号相同 C. 走线必须合理，布线应横平竖直、分布均匀，在变换走向时应垂直 D. 一个接线端子可以连接两根或多根导线	

题号	试题	答案
54	下列哪个控制电路能正常工作（　　）。 A. [图] B. [图] C. [图] D. [图]	
55	用来表明电动机、电气元器件实际位置的图是（　　）。 A．电气原理图　　　　　　B．电器布置图 C．功能图　　　　　　　　D．电气系统图	
56	分析电动机控制线路图的基本原则是（　　）。 A．先分析交流通路 B．先分析直流通路 C．先分析主电路，后分析辅助电路 D．先分析辅助电路，后分析主电路	
57	在电动机控制线路图中，低压断路器的电气符号是（　　）。 A．SB　　　　B．QF　　　　C．FR　　　　D．FU	
58	在电动机控制线路图中，电源引入线分别采用（　　）。 A．L_1、L_2、L_3 标号　　　　B．U、V、W 标号 C．a、b、c 标号　　　　　　　D．1、2、3 标号	
59	在电动机控制线路图中，电源开关后的三相交流主电路分别用（　　）。 A．L_1、L_2、L_3 标号　　　　B．U、V、W 标号 C．a、b、c 标号　　　　　　　D．1、2、3 标号	
60	在下图所示的电路中，设 KM_1 控制正转，KM_2 控制反转，将时间继电器 KT 的延时时间调到 5s。如果加上交流电源，按下 SB_2，电动机运行 5s，手动行程开关 SQ_1 保持动作，电动机将（　　）。 [电路图] A．正转连续运行 B．反转连续运行 C．5s 后从正转过渡到反转 D．5s 后停止运行	

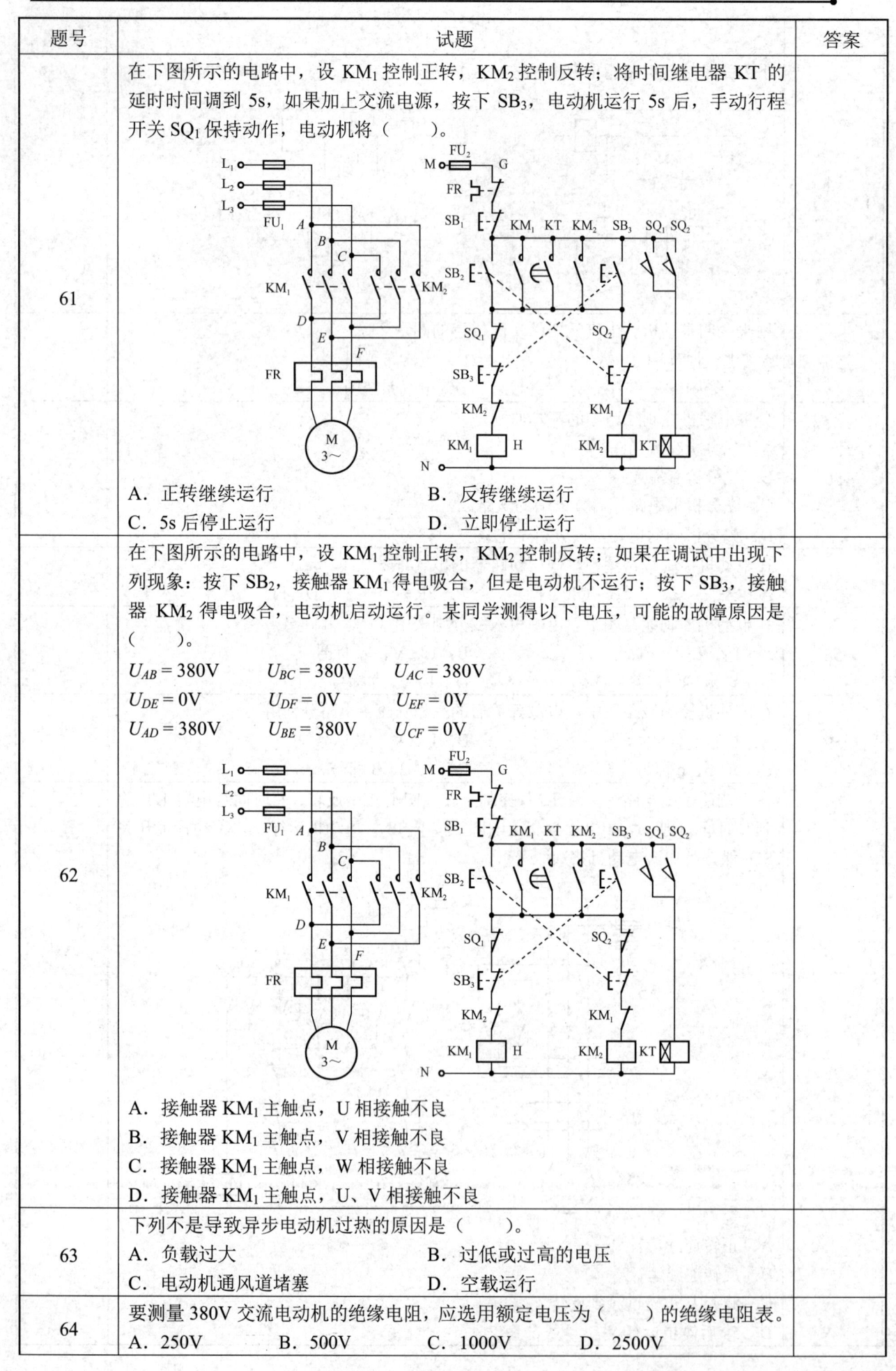

题号	试题	答案
61	在下图所示的电路中，设 KM_1 控制正转，KM_2 控制反转；将时间继电器 KT 的延时时间调到 5s，如果加上交流电源，按下 SB_3，电动机运行 5s 后，手动行程开关 SQ_1 保持动作，电动机将（　　）。 A. 正转继续运行　　　　　　B. 反转继续运行 C. 5s 后停止运行　　　　　　D. 立即停止运行	
62	在下图所示的电路中，设 KM_1 控制正转，KM_2 控制反转；如果在调试中出现下列现象：按下 SB_2，接触器 KM_1 得电吸合，但是电动机不运行；按下 SB_3，接触器 KM_2 得电吸合，电动机启动运行。某同学测得以下电压，可能的故障原因是（　　）。 $U_{AB}=380V$　　$U_{BC}=380V$　　$U_{AC}=380V$ $U_{DE}=0V$　　$U_{DF}=0V$　　$U_{EF}=0V$ $U_{AD}=380V$　　$U_{BE}=380V$　　$U_{CF}=0V$ A. 接触器 KM_1 主触点，U 相接触不良 B. 接触器 KM_1 主触点，V 相接触不良 C. 接触器 KM_1 主触点，W 相接触不良 D. 接触器 KM_1 主触点，U、V 相接触不良	
63	下列不是导致异步电动机过热的原因是（　　）。 A. 负载过大　　　　　　　　B. 过低或过高的电压 C. 电动机通风道堵塞　　　　D. 空载运行	
64	要测量 380V 交流电动机的绝缘电阻，应选用额定电压为（　　）的绝缘电阻表。 A. 250V　　　B. 500V　　　C. 1000V　　　D. 2500V	

题号	试题	答案
65	下列（　　）不是接触器的组成部分。 A．电磁机构　　　　　　　　B．触点系统 C．灭弧装置　　　　　　　　D．脱扣机构	
66	在安装电动机控制线路时，按电气规范黄绿相间的双色线只能用作（　　）。 A．相线　　　B．中性线　　　C．接地线　　　D．网络线	
67	500V 以下电动机的绝缘电阻不应小于（　　）MΩ。 A．0.5　　　B．5　　　C．0.05　　　D．50	
68	交流接触器的衔铁被卡住不能吸合会造成（　　）。 A．线圈端电压增大　　　　　B．线圈阻抗增大 C．线圈电流增大　　　　　　D．线圈电流减小	
69	出现交流接触器不释放故障的原因可能是（　　）。 A．线圈断电　　　　　　　　B．触点黏结 C．复位弹簧被拉长，失去弹性　D．衔铁失去磁性	
70	用绝缘电阻表测电动机绝缘电阻时，要用单根电线分别将线路 L 端及 E 端与被测物连接，其中（　　）端的连接线要与大地保持良好绝缘。 A．L　　　B．E　　　C．L 和 E　　　D．以上都不对	
71	在测量电动机线圈的对地绝缘电阻时，绝缘电阻表应（　　）。 A．E 接线柱接电动机出线的端子，L 接线柱接电动机的外壳 B．L 接线柱接电动机出线的端子，E 接线柱接电动机的外壳 C．L 接线柱接电动机出线的端子，E 接线柱悬空 D．L、E 两个接线柱随便接，没有规定	
72	对电动机各绕组进行绝缘电阻检查，如测出绝缘电阻为零，在发现无明显烧毁现象时，可进行烘干处理，这时（　　）通电运行。 A．允许　　　　　　　　　　B．不允许 C．在烘干后允许　　　　　　D．有人看守时允许	
73	在对 380V 电动机各绕组进行绝缘电阻检查时，若发现绝缘电阻（　　），则可初步判定电动机受潮，应对电动机进行烘干处理。 A．大于 0.5MΩ　　　　　　　B．小于 10MΩ C．小于 0.5MΩ　　　　　　　D．大于 10MΩ	
74	（　　）的电动机，在通电前必须先对各绕组进行绝缘电阻检查，合格后才可通电。 A．不常用，但刚停止不超过一天 B．一直在用，停止没超过一天 C．新装或未用过 D．所有	
75	下图所示器件的名称是（　　）。 A．热继电器　　B．接触器　　C．熔断器　　D．断路器	

题号	试题	答案
76	下图所示器件的名称是（　　）。 A．热继电器　　　　　　　　B．接触器 C．熔断器　　　　　　　　　D．断路器	
77	下图所示器件的名称是（　　）。 A．热继电器　　　　　　　　B．接触器 C．熔断器　　　　　　　　　D．断路器	
78	下图所示器件的名称是（　　）。 A．热继电器　　　　　　　　B．接触器 C．熔断器　　　　　　　　　D．断路器	

4.2 节答案可扫描二维码查看。

4.3 三相电动机与控制填空题

题号	试题	答案
1	电动机由定子和_____两个基本部分组成。	
2	当三相异步电动机的定子绕组通入交流电时，产生一个转速为 n_0 的旋转磁场，其转速 n_0 为_____。	
3	三相异步电动机的定子绕组可以连接成星形或_____。	
4	如下图所示，该电动机绕组采用的是_____接法。	
5	如下图所示，该电动机绕组采用的是_____接法。	
6	三相异步电动机常用_____作为过载保护器件。	
7	热继电器作为电动机的_____保护器件。	
8	熔断器在电路中作为电动机和控制线路的_____保护器件。	
9	熔断器应_____联在被保护电路中。	
10	接触器的额定电流指_____的额定电流。	
11	接触器的额定电压指_____的额定电压。	
12	改变交流电动机的转向可以通过改变三相电源的_____实现。	
13	当接触器线圈得电时，接触器_____触点会闭合。	
14	当接触器线圈得电时，接触器_____触点会断开。	
15	电动机正反转控制电路中必须有_____措施，以保证换相时不发生相间短路。	
16	按钮常用于控制电路中短时间接通或作为断开小电流的器件，启动按钮的颜色为_____色。	
17	按钮常用于控制电路中短时间接通或作为断开小电流的器件，停止按钮的颜色为_____色。	
18	按下控制按钮，交流接触器线圈得电，电动机运转；松开控制按钮，交流接触器线圈失电，电动机停转，这种控制方法称为_____控制。	
19	在电动机正反转控制线路中，两个接触器的主触点绝不允许同时闭合，否则将造成两相电源_____事故。	
20	控制按钮在电路图中的文字符号是_____。	
21	熔断器在电路图中的文字符号是_____。	
22	下图所示为_____的符号（请填写中文名称）。	

题号	试题	答案
23	下图所示为_____的符号（请填写中文名称）。 QS ⊢-\ -\ -\	
24	下图所示为_____的符号（请填写中文名称）。 SB E-\	
25	下图所示为_____的符号（请填写中文名称）。 KM \ \ \	
26	下图所示为_____的符号（请填写中文名称）。 FR ⊏⊐⊏⊐⊏⊐	
27	下图所示为_____的符号（请填写中文名称）。 SB E-\	
28	在下图所示的控制电路中，在电动机启动后，一旦松开按钮 SB，电动机将_____转动。	
29	已知一台三相异步电动机功率 $P=6kW$，启动电流 $I=6I_x$，接到电力变压器容量为 $S=100kV·A$ 的交流电源上，电动机应该采用_____启动方式（选填"降压"或"全压"）。	
30	辅助电路是_____电流通过的电路。	
31	在测量电动机的对地绝缘电阻和相间绝缘电阻时，常使用_____表。	
32	在电气控制电路中，交流接触器的主触点连接在电动机的_____电路中。	
33	在电气控制电路中，交流接触器的辅助常开触点和辅助常闭触点通常连接在电动机的_____回路中。	
34	如下图所示，方框中的 5 个器件的名称是_____。	

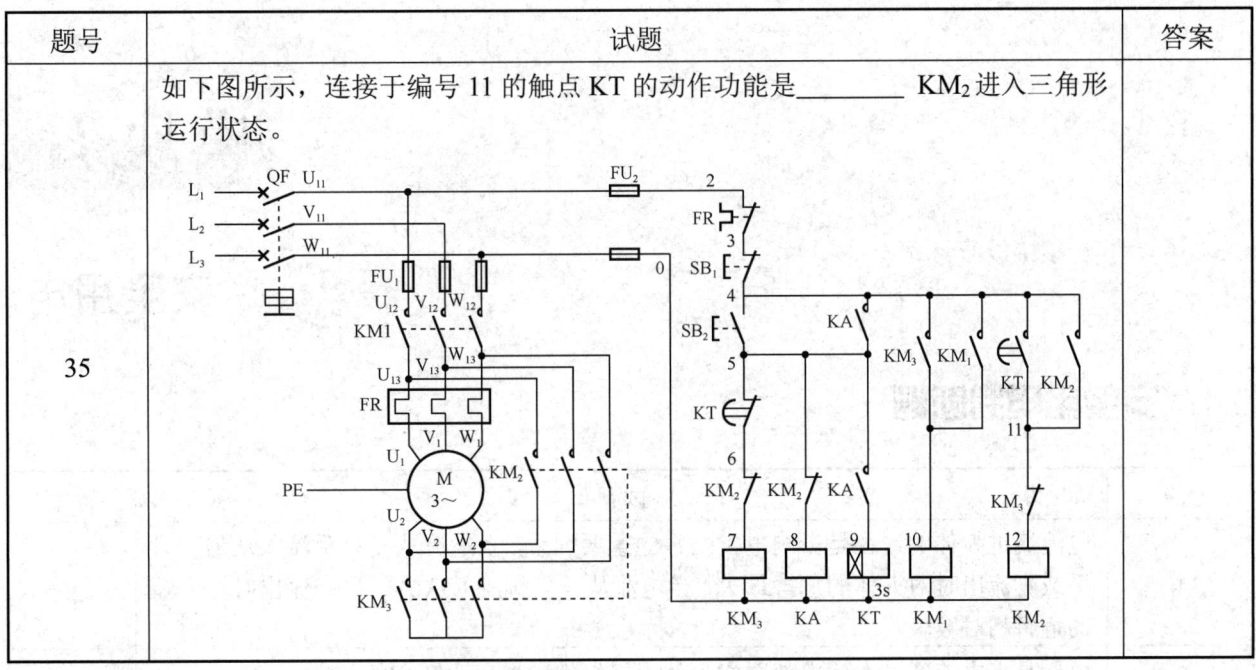

题号	试题	答案
35	如下图所示，连接于编号 11 的触点 KT 的动作功能是_____ KM$_2$ 进入三角形运行状态。	

4.3 节答案可扫描二维码查看。

模块五

安全用电

5.1 安全用电判断题

题号	试题	答案
1	电流流过人体的途径是影响电击伤害的重要因素，当电流从一只手流入从另一只手或脚流出时对人体的危害最大；当电流从一只脚流入从另一只脚流出时对人体的危害相对较轻。	
2	电伤是指电流通过人体内部造成人体内部组织破坏以致死亡的伤害。	
3	家庭用电中常用的低压断路器（俗称空气开关）具有自动断电功能。	
4	两相触电比单相触电更危险。	
5	在人体必需长时间接触带电线路和设备的场所中，应采用 24V 安全电压。	
6	人体的不同部位同时接触带电的相线和中性线造成的触电叫作两相触电。	
7	电气设备维修完成后应认真检查，看是否有工具和材料遗留在机器内。	
8	即便是安全电压也要注意用电安全。	
9	在使用安全电压时，可以不在意用电安全问题。	
10	电工实训室内的交流电源总控制开关可以由学生自己控制，也可以安排专人控制。	
11	每次实训结束后，应该关闭实训室总控配电箱内的所有电源开关。	
12	人体是导体，当较大电流流过人体时，会对人体造成一定伤害。	
13	单相触电最常见，其危害大于两相触电。	
14	安全电压规定为 36V 以下，安全电流规定为 100mA 以下。	
15	人无论在何种场合，只要接触的电压为 36V 以下就是安全的。	
16	电流通过人体会损害人体的内部组织，严重时会导致人昏迷、心室颤动乃至死亡。	
17	跨步触电是人体遭受电击中的一种，其规律是离接地点越近，跨步电压越高，危险性越大。	
18	在潮湿、有导电灰尘或金属容器内等特殊场所，不能用正常电压供电，应该选用安全电压（如 36V、12V、6V 等）电源供电。	
19	人体触电时，通过人体的电流大小和通电时间长短是电击事故严重程度的基本决定因素，若通电电流与通电时间的乘积达到 30mA·h，后果不堪设想，1s 以上即可致人死亡。	
20	有人说，0.1A 电流很小很小，不足以致命。	
21	交流电比同等强度的直流电更危险。	
22	电流流过人体的路径为从右手至脚比路径为从左手至脚的危险相对较小。	
23	电流流过人体的路径为从右手至脚对人体的伤害程度最大。	

题号	试题	答案
24	电灼伤一般分为电烙印和皮肤金属化。	
25	电击是电流对人体造成的外部伤害。	
26	电伤是电流对人体造成的内部伤害。	
27	保护接地需要有一套可靠的接地装置，不具备条件的家庭和规模较小的单位在安全用电方面一般采用保护接零措施。	
28	保护接零适用于中性点不接地的系统。	
29	在选用电源插座时，插座的工作电流必须大于家用电器工作电流峰值。	
30	在选用电源插座时，插座的工作电流必须等于家用电器工作电流峰值。	
31	在选用电源插座时，插座的工作电流可以小于家用电器工作电流峰值。	
32	在遇到熔断器突然烧断，手边没熔断丝的情况时，我们可以用其他金属丝临时代替熔断丝，以保证临时用电。	
33	在遇到熔断器突然烧断，手边没熔断丝时，我们不可以用其他金属丝临时代替熔断丝来保证临时用电。	
34	有经验的高级电工不需要用试电笔测试就能知道有无电，停电后可立即投入检修工作。	
35	单相三极插座的保护接零接线柱在接线时要直接引线与中性线接线柱相连。	
36	用来控制某灯具的开关必须串联在相线上，不应装在中性线上，只有控制多盏灯具的开关才可以串联在中性线上。	
37	中性线一般不带电，比相线安全。为了防止幼儿好奇触摸开关造成触电，国家规定幼儿园等场所的开关要安装在中性线上。	
38	插头必须完全插入插座后再使用，因为如果接触不良，将会造成插座过热以致烧毁的情形。	
39	TN-S 系统是指电力系统中性点直接接地，整个系统的中性线与保护线是合一的。	
40	TN-C 系统是指电力系统中性点直接接地，整个系统的中性线与保护线是合一的。	
41	下图所示为甲、乙两个同学安装的两个灯泡。甲同学安装的灯泡在开关闭合后处于相线上，开关安装部位符合安全用电要求；乙同学安装的灯泡在开关闭合后处于中性线上，开关安装部位不符合安全用电要求。	
42	可通过用手指探测其颈动脉是否还有搏动，来判断触电者是否还有心跳。	
43	救护人员可以用脖子上的围巾把双手缠上后去拉被触电者的衣服，把触电人员拉离带电体。	
44	在对电气火灾进行灭火时，可以使用泡沫灭火器和干粉灭火器。	
45	在发现触电者眼皮会动、有吞咽动作时，可以停止抢救。	
46	如果触电者呼吸和心跳均无，施救者只有一人在场，只能采取口对口人工呼吸法或胸外心脏按压法交替进行施救。	
47	如果触电者呼吸和心跳均无，施救者只有一人在场，只能采取口对口人工呼吸法进行施救，不能采用胸外心脏按压法进行施救。	

题号	试题	答案
48	如果触电者呼吸和心跳均无，施救者只有一人在场，只能采取胸外心脏按压法进行施救，不能采用口对口人工呼吸法进行施救。	
49	在触电现场施救时，要先考虑施救者自身的安全，再采取安全的措施实施救助。	
50	发现有人触电，先拨打 120 电话呼救，然后迅速切断电源进行急救。	
51	发现有人触电，先迅速切断电源进行急救，再拨打 120 电话呼救。	
52	只有你一个人在现场，如果发现有人触电了，要先拨打 120 电话通知医护人员，再实施现场急救。	
53	在对触电者进行急救时，如果触电者有心跳，也有呼吸，但呼吸微弱，那么应让触电者平躺，解开其衣领，在通风良好处，让其自然呼吸慢慢自恢复，不宜对其施加其他急救。	
54	在实施触电急救时，如果触电者有呼吸、无心跳，那么应该实施胸外心脏按压法进行急救。	
55	在使触电者脱离电源的过程中，救护人员最好用一只手操作，以防自身触电。	
56	当发生电气火灾时，如果无法切断电源，那么只能带电灭火，同时应选择干粉灭火器或二氧化碳灭火器，尽量少用水基式灭火器。	
57	在急救时，胸部按压的正确位置在人体胸部左侧，即心脏处。	
58	当触电者牙关紧闭时，可用口对鼻人工呼吸法。	
59	在拉拽触电者脱离电源的过程中，救护人员应采用双手操作，保证受力均匀，帮助触电者顺利脱离电源。	
60	如果救护过程经历了 5h，触电者仍然未醒，那么应该继续进行救护。	
61	当抢救时间超过 5h 时，可认定触电者已死亡。	
62	触电者昏迷后，可以猛烈摇晃其身体，使之尽快苏醒。	
63	在进行触电急救时，任何药物都不能代替人工呼吸和胸外心脏按压。	
64	做口对口（鼻）人工呼吸时，每次吹气时间约为 2s，换气（触电者自行吸气）时间约为 3s。	
65	如果用电设备或插头仍在着火，切勿用手碰及用电设备的开关。	
66	消防人员告诉我们，如果正在使用的计算机着火了，即使关掉计算机，甚至拔下插头，机内的元器件仍然很热，仍会迸出烈焰并产生毒气，显示屏等也可能爆炸。我们应付的方法：在计算机开始冒烟或起火时，先迅速拔掉插头或断开总开关，然后用湿地毯或棉被等盖住计算机。切勿向失火计算机泼水，即使对已关闭的计算机进行灭火也是采取这种方法。	

5.1 节答案可扫描二维码查看。

5.2 安全用电选择题

题号	试题	答案
1	触电伤害的程度与触电电流的路径有关，对人体危害最大的触电电流路径是（　　）。 A．流过手指　　　　　　　　　B．流过下肢 C．流过心脏　　　　　　　　　D．流过大脑	
2	一般工作场所使用的移动照明灯应采用的电源电压是（　　）V。 A．80　　　B．50　　　C．36　　　D．75	
3	当通过人体的电流超过（　　）时，便会引起死亡。 A．30mA　　　B．50mA　　　C．80mA　　　D．100mA	
4	当皮肤出汗，有导电液或导电尘埃时，人体的电阻将（　　）。 A．减小　　　B．不变　　　C．增大　　　D．不确定	
5	当人体碰到某根带有220V电压的导线时，会发生（　　）。 A．单相触电　　　　　　　　　B．两相触电 C．三相触电　　　　　　　　　D．以上都不对	
6	下列常见的电压值中表述不正确的是（　　）。 A．一节干电池的电压为1.5V　　B．三相异步电动机的额定电压为380V C．家庭照明电路的电压为220V　D．安全电压均在63V以下	
7	在特别潮湿的场所中应采用（　　）V的安全特低电压。 A．24　　　B．42　　　C．12　　　D．2	
8	电流热效应对人体造成的伤害是（　　）。 A．电烧伤　　　B．电烙印　　　C．皮肤金属化　　　D．电击	
9	人体在同时接触带电设备或线路中的两相导体时，电流从一相通过人体流入另一相，这种触电现象称为（　　）触电。 A．单相　　　B．两相　　　C．感应电　　　D．跨步电压	
10	在我国，一般照明电源优先选用（　　）V。 A．380　　　B．220　　　C．36　　　D．12	
11	当用电设备发生接地故障时，接地电流通过接地体向大地流散，若人在接地点周围行走，两脚间的电位差引起的触电叫作（　　）触电。 A．单相　　　B．跨步电压　　　C．感应电　　　D．静电	
12	下列通过人体的电流路径对人体危害最大的是（　　）。 A．从右手到左手　　　　　　　B．从左手到右手 C．从右脚到左脚　　　　　　　D．从左手到心脏再到右脚	
13	50mA的工频电流通过心脏就有致命危险，一般设人体电阻最小值为800Ω，那么机床、金属工作台等处的照明灯的安全电压值应为（　　）。 A．40V　　　B．50V　　　C．36V　　　D．12V	
14	在日常生活中，最危险的触电形式是（　　）。 A．单相触电　　　　　　　　　B．两相触电 C．220V电压触电　　　　　　　D．10kV高压触电	
15	雨天一电线杆被风吹倒，引起一相电线断开掉在地上，某人从附近走过时被电击摔倒，他受到的电击属于（　　）。 A．单相电击　　　　　　　　　B．两相电击 C．接触电压电击　　　　　　　D．跨步电压电击	

题号	试题	答案
16	我国规定的安全电压为 42V、36V、(　　)。 A．220V、380V　　　　　　B．380V、12V C．220V、6V　　　　　　　D．12V、6V	
17	人体在地面或其他接地导体上，人体某一部分触及一相带电体的电击事故称为(　　)。 A．单相电击　　　　　　　B．两相电击 C．接触电压电击　　　　　D．跨步电压电击	
18	对于 380/220V 中性点直接接地的低压系统，若设人体电阻为 1000Ω，则遭受两相电击时，通过人体的电流约为(　　)。 A．30mA　　B．220mA　　C．380mA　　D．1000mA	
19	对于 380/220V 中性点直接接地的低压系统，若设人体电阻为 1000Ω，则遭受单相电击时，通过人体的电流约为(　　)。 A．30mA　　B．220mA　　C．380mA　　D．1000mA	
20	我国安全电压标准规定的安全电压最高为(　　)。 A．12V　　B．24V　　C．110V　　D．42V	
21	一般不会使人发生电击危险的电压为(　　)。 A．交流电压　　　　　　　B．安全电压 C．跨步电压　　　　　　　D．直流电压	
22	下列标示牌中(　　)不属于禁止类标示牌。 A．禁止攀登 高压危险！　　B．禁止合闸有人工作 C．从此上下　　　　　　　D．止步 高压危险	
23	在三相五线制配电系统中，PE 线表示(　　)。 A．相线　　B．中性线　　C．工作零线　　D．保护地线	
24	TN-C-S 系统属于(　　)系统。 A．PE 线与 N 线完全分开的保护接零 B．PE 线与 N 线共用的保护接零 C．PE 线与 N 线前段共用、后段分开的保护接零 D．保护接地	
25	TN-S 系统属于(　　)系统。 A．PE 线与 N 线完全分开的保护接零 B．PE 线与 N 线共用的保护接零 C．PE 线与 N 线前段共用、后段分开的保护接零 D．保护接地	
26	保护接地是指电网的中性点(　　)。 A．接地且设备外壳接地　　B．不接地，设备外壳接地 C．接地，设备外壳不接地　D．不接地，设备外壳接零	

题号	试题	答案
27	保护接零是指（　　）。 A．负载中性点接中性线 B．负载中性点及外壳都接中性线 C．低压电网电源的中性点接地，用电设备外壳与中性点连接 D．电源的中性点不接地而外壳接地	
28	用电设备外壳保护接零，这种措施适用于（　　）运行方式。 A．中性点不接地　　　　　　B．无中性线 C．中性点直接接地　　　　　D．小电流接地	
29	电器或线路拆除后，可能带电的线头必须及时用绝缘胶布包扎好，这种做法（　　）。 A．对　　　　B．不对　　　　C．不宜采用　　　　D．因人而异	
30	在易燃、易爆危险场所中，供电线路应采用（　　）方式供电。 A．单相三线制，三相五线制　　B．单相三线制，三相四线制 C．单相两线制，三相五线制　　D．单相两线制，三相四线制	
31	TN-S 制俗称（　　）制供电。 A．三相五线　　　　　　B．三相四线 C．三相三线　　　　　　D．单相二线	
32	在更换和检修用电设备时，最好的安全措施是（　　）。 A．切断电源　　　　　　B．站在凳子上操作 C．戴橡皮手套操作　　　D．一人操作，一人监护	
33	下列（　　）的连接方式称为保护接地。 A．将用电设备外壳与中性线相连 B．将用电设备外壳与接地装置相连 C．将用电设备外壳与其中一条相线相连 D．将用电设备的中性线与接地线相连	
34	将用电设备的带电部分用金属与外界隔离叫作（　　）。 A．屏护措施　　　　　　B．间距措施 C．绝缘措施　　　　　　D．自动断电措施	
35	在操作用电设备时，保证安全的技术措施有（　　）。 A．停电、验电、装设接地线、悬挂标示牌和装设遮拦 B．停电、放电、装设接地线、悬挂标示牌和装设遮拦 C．验电、停电、放电、装设接地线 D．停电、放电、验电、装设接地线、悬挂标示牌和装设遮拦	
36	采用保护接地和保护接零措施的主要目的是（　　）。 A．既保护人身安全又保护电气设备安全 B．保护人身安全 C．保护电气线路安全 D．保护电气设备安全	
37	国家标准规定的相色标志中性线为（　　）。 A．黄色　　　　B．绿色　　　　C．红色　　　　D．蓝色	
38	国家标准规定的相色标志地线为（　　）。 A．蓝色　　　　B．黑色　　　　C．绿色　　　　D．黄绿相间色	
39	国家标准规定的相色标志 U 相为（　　）。 A．黄色　　　　B．绿色　　　　C．红色　　　　D．蓝色	

题号	试题	答案
40	国家标准规定的相色标志 V 相为（　　）。 A．黄色　　B．绿色　　C．红色　　D．蓝色	
41	国家标准规定的相色标志 W 相为（　　）。 A．黄色　　B．绿色　　C．红色　　D．蓝色	
42	同学们在实训室内进行电气操作，在连接电线时应采取的防触电措施为（　　）。 A．戴绝缘手套　　　　　　B．切断电源 C．站在绝缘板上　　　　　D．安排监护人	
43	同学们在进行电工实训时，若发现他人违章操作，应该（　　）。 A．报告学校领导予以制止　　B．当即予以制止 C．报告专职安全人员予以制止　D．报告实训指导老师予以制止	
44	TN-S 系统属于（　　）。 A．三相三线制系统　　　　B．三相四线制系统 C．三相五线制系统　　　　D．三相六线制系统	
45	当用电设备着火时，下列灭火方法中不能使用的是（　　）。 A．用四氯化碳灭火器或 1211 灭火器进行灭火 B．用沙土灭火 C．用水灭火 D．断电灭火	
46	当发现有人触电时，必须尽快（　　）。 A．拨打 120 急救电话　　　B．进行人工呼吸 C．使触电者脱离电源　　　　D．以上都不对	
47	关于电气火灾的防范与扑救，以下说法不正确的是（　　）。 A．在制造和安装用电设备时，应减少易燃物 B．一旦发生电气火灾，要先切断电源，进行扑救，并及时报警 C．带电灭火时，可使用泡沫灭火剂 D．一定要按防火要求设计和选用电气产品	
48	在发生电气火灾时，应先切断电源再扑救，但在不知或不清楚电源开关在何处时，应先剪断电线，剪切时应（　　）。 A．几根线迅速同时剪断　　B．不同相线在不同位置剪断 C．在同一位置一根一根剪断　D．没有规定	
49	如果发现有人触电，又不能立即找到电源开关，为了尽快救人，下列说法正确的是（　　）。 A．用铁棍将电线挑开　　　B．用干燥木棍将电线挑开 C．用手将电线拉开　　　　D．用手把人拉开	
50	在电气设备发生火灾时，要（　　）。 A．立刻切断电源，并使用四氯化碳灭火器或二氧化碳灭火器灭火，或者使用水灭火 B．立刻切断电源，并使用四氯化碳灭火器或二氧化碳灭火器灭火，严禁用水灭火 C．使用四氯化碳灭火器或二氧化碳灭火器灭火后再切断电源，严禁用水灭火 D．使用四氯化碳灭火器或二氧化碳灭火器灭火后再切断电源，或者使用水灭火	
51	触电急救的要点是（　　）。 A．胸外心脏按压法　　　　B．口对口人工呼吸法 C．看护好触电者　　　　　D．动作迅速、救护得法	

题号	试题	答案
52	当触电人员呼吸和心跳停止时，应采用（　　）等现场救护方法。 A．向上级报告，向医院求救　　　B．报告本部门监督，通知安全监督 C．人工呼吸，胸外心脏按压法　　D．打电话通知医生，向有关部门报告	
53	据一些资料表明，对于心跳呼吸均停止的触电者，若在（　　）内进行抢救，约有80%的机会可以救活。 A．1min　　　B．2min　　　C．3min　　　D．4min	
54	如果触电者心跳停止但有呼吸，应立即对触电者施行（　　）急救。 A．仰卧压胸法　　　　　　　　　B．胸外心脏按压法 C．俯卧压背法　　　　　　　　　D．人工呼吸法和胸外心脏按压法	
55	发生电气火灾后，需要使用（　　）进行灭火。 A．盖土、盖沙　　　　　　　　　B．干粉灭火器 C．泡沫灭火器　　　　　　　　　D．水	
56	实验研究和统计表明，若从触电后（　　）开始救治，仅有10%的救活机会。 A．1min　　　B．6min　　　C．12min　　　D．60min	
57	在实施胸外心脏按压法时，压挤的着力部位是（　　）。 A．十指，压挤触电者腹部 B．手掌，压挤触电者胸部 C．掌根，压挤触电者胸骨以下横向1/2处 D．手掌全部着力，推压触电者胸腹部	
58	在使用灭火器救火时，要对准火焰（　　）喷射。 A．上部　　　B．中部　　　C．根部　　　D．上述部位均可	
59	在触电现场有一块干燥木板，使触电者脱离电源的措施是（　　）。 A．用木板打断导线　　　　　　　B．用木板把人与带电体隔开 C．站在木板上把触电者拉离电源　D．以上做法都不对	
60	如下图所示，如果发生触电事故，我们应该立即采取的措施是（　　）。 A.　B.　C.　D.	
61	口对口人工呼吸法的正确步骤是（　　）。 a　b　c　d A．abcd　　　B．bacd　　　C．cdab　　　D．adcb	

题号	试题	答案
62	做人工呼吸抢救触电者时，下列做法错误的是（　　）。 A．每分钟 12 次左右，重复口对口吹气 B．强度以吹气后触电者胸廓略有起伏为宜 C．吹气的频率和呼吸频率相似 D．吹气的频率越快，效果越好	
63	在对成人触电者进行胸外心脏按压急救时，适宜的频率为（　　）。 A．6~8 次/分　　B．8~10 次/分　　C．10~12 次/分　　D．12~15 次/分	
64	被触电者能否获救，关键在于（　　）。 A．触电的方式 B．人体电阻的大小 C．能否尽快脱离电源和施行紧急救护 D．及时进行人工呼吸	
65	如果触电者伤势严重，呼吸停止或心脏停止跳动，应竭力施行（　　）和胸外心脏按压。 A．按摩　　　　　　　　　　B．点穴 C．人工呼吸　　　　　　　　D．上述方法同时进行	
66	发现有人触电，下列抢救措施正确的是（　　）。 A．拨打 110 或 120 电话，同时去喊电工 B．迅速用剪刀或小刀切断电源 C．迅速用手把人拉开，使其脱离电源 D．立即用绝缘物使触电者脱离电源	
67	下列灭火器中，（　　）不适于扑灭电气火灾。 A．二氧化碳灭火器　　　　　B．干粉灭火器 C．泡沫灭火器　　　　　　　D．1211 灭火器	
68	发现用电设备起火时，应先（　　）。 A．打 119 电话　　　　　　B．切断电源 C．用灭火器灭火　　　　　　D．赶紧远离电器	
69	在进行人工呼吸时，为确保气道通畅，可在（　　）下方垫适量厚度的物品。 A．头　　　B．颈　　　C．头或颈　　　D．背	

5.2 节答案可扫描二维码查看。

5.3 安全用电填空题

题号	试题	答案
1	下图属于_____触电。	
2	下图属于_____触电。	
3	下图属于_____触电。	
4	重复接地是指中性线上的一处或多处通过_____装置与大地再连接。	
5	把电气设备平时不带电外露可导电的部分与电源中性线连接起来，称为保护接_____。	
6	为了保障人身安全，避免发生触电事故，将电气设备在正常情况下不带电的金属部分与大地进行电气连接，称为保护接_____。	
7	如下图所示，人们用试电笔辨别相线和中性线的两种使用方法中，正确的是_____。	
8	国家规定，保护线 PE 采用_____双色铜芯线。	
9	在移动家用电器时，一定要_____电源插头。	
10	一旦发现有人触电，周围人员应先迅速_____，使其尽快脱离电源。	
11	如下图所示，如果发生触电事故，应该立即_____电源。	

题号	试题	答案
12	如下图所示，如果发生触电事故，应该立即用绝缘棒_____电源线。	

5.3 节答案可扫描二维码查看。

模块六

综合题

题号	试题	答案
1	如下图所示，已知磁场 B 的方向和负电荷运动速度 v 的方向，请画出洛伦兹力 F 的方向。	
2	如下图所示，$E_1=11V$，$E_2=6V$，$R_1=2\Omega$，$R_2=R_3=4\Omega$，求支路电流 I_1、I_2。	
3	现有标注字样为"100μF/100V"和"200μF/200V"的两个电容，将它们串联后接在电压为 210V 的电源上，通过计算说明电容是否安全。	
4	直流电路如下图所示，已知 $E=15V$，$R_1=R_2=3\Omega$，$R_3=6\Omega$，求该电路中 U_1 和 I_2 的值。	
5	如下图所示，磁场为垂直纸面向里的匀强磁场，ab 为载流直导体，导体中的电流方向为竖直向上。 （1）画出直导体 ab 所受安培力 F 的方向。 （2）直导体 ab 受安培力 F 作用后将产生感应电动势，标出直导体 ab 中的感应电动势 e 的方向。	

题号	试题	答案
5	×　×　×　× 　　　　a ×　×　│　×　× 　　　　│ 　　　　I↑ ×　×　│　×　× 　　　　b ×　×　×　×	
6	在 RLC 串联正弦交流电路中，已知电源电压的有效值 U=10V，电阻 R=3Ω，电感感抗 X_L=5Ω，电容容抗 X_C=1Ω。求总阻抗 Z、电流有效值 I、有功功率 P。	
7	在 RL 串联正弦交流电路中，已知电源电压有效值 U=10V，电阻 R=3Ω，电感感抗 X_L=4Ω，试求其总阻抗 Z、电流有效值 I、电阻电压有效值 U_R、电感电压有效值 U_L。（2017年重庆高考题）	
8	直流电路如下图所示，已知 E_1=12V，E_2=6V，R_1=3Ω，R_2=6Ω，R_3=2Ω，请用支路电流法求电流 I_1、I_2 和 I_3。（2018年重庆高考题）	
9	直流电路如下图所示，已知电源电动势 E=24V，电阻 R_1=R_2=R_4=4Ω，R_3=8Ω。求电路中的总电流 I 和 A、B 两点间的电压 U_{AB}。	
10	在 RL 串联正弦交流电路中，已知电阻 R=3Ω，电感 L=0.5H，电流 $i=3\sqrt{2}\sin\left(8t+\dfrac{\pi}{3}\right)$A。试求： （1）电感的感抗 X_L。 （2）电路的总阻抗 Z。 （3）电源电压的有效值 U。	

题号	试题	答案
11	直流电路如下图所示，已知 E=10V，R_1=4Ω，R_2=6Ω。试求： （1）S 闭合时的电位 V_A、V_B 和 V_C。 （2）S 断开时的电位 V_A、V_B 和 V_C。 （电路图：A—R_1—B，E 在左侧，S 在右侧，R_2 在下方 B-C 支路）	
12	已知两正弦交流电流分别为 $i_1(t)=15\sqrt{2}\sin\left(10\pi t+\dfrac{\pi}{3}\right)$A，$i_2=10\sqrt{2}\sin\left(10\pi t-\dfrac{2\pi}{3}\right)$A。 试求： （1）电流 $i_1(t)$ 的有效值。 （2）电流 $i_2(t)$ 的频率。 （3）电流 $i_1(t)$ 和电流 $i_2(t)$ 的相位差。	
13	直流电路如下图所示，已知 U_1=30V，U_2=15V，R_1=30Ω，R_2=15Ω，R_3=15Ω。请用支路电流法求电流 I_1、I_2 和 I_3。 （电路图：U_1、R_1、R_3、R_2、U_2 组成两网孔电路）	
14	在纯电容电路中，已知电容的容抗 X_C=100Ω，电源电压 $u=220\sqrt{2}\sin\left(314t-\dfrac{\pi}{2}\right)$V。试求： （1）电容的电流有效值 I。 （2）电流的瞬时值表达式 i。 （3）电容的有功功率 P。 （4）电容的无功功率 Q_C。	
15	直流电路如下图所示，已知 E_1=20V，E_2=30V，R_1=5Ω，R_2=6Ω。请用支路电流法求电流 I_1、I_2 和 I_3。 （电路图：E_1、R_1、R_2、E_2 组成并联电路）	

题号	试题	答案
16	有一接入交流电源的 RL 串联电路,已知 $R=40\Omega$,$X_L=30\Omega$,电流有效值 $I=2A$,试求: (1) 电路等效阻抗 Z。 (2) 电阻两端的电压 U_R。 (3) 电感两端的电压 U_L。 (4) 电源电压 U。	
17	在下图所示的电路中,已知 $E_1=40V$,$E_2=5V$,$E_3=25V$,$R_1=5\Omega$,$R_2=10\Omega$,$R_3=10\Omega$,用支路电流法求各支路电流 I_1、I_2、I_3(电流方向如下图所示)。	
18	一个线圈的电阻 $R=200\Omega$,电感 $L=1H$,线圈与 $C=10\mu F$ 的电容串联,当外加电压 $u=220\sqrt{2}\sin314t V$ 时,求电路中的电流 I,电压 U_R、U_L、U_C 和线圈两端的电压 U_{RL},电路的总有功功率 P、无功功率 Q 和视在功率 S。	
19	在下图所示的电路中,已知 $E_1=9V$,$E_2=10V$,$E_3=8V$,$R_1=10\Omega$,$R_2=R_3=20\Omega$,试用支路电流法求各支路电流。	
20	将阻值为 30Ω、电感为 $255mH$ 的线圈和一个容量为 $80\mu F$ 的电容串联后,接到 $u=100\sqrt{2}\sin(314t+60°)V$ 的交流电源上。试求: (1) 线圈的感抗 X_L(保留整数)。 (2) 电容的容抗 X_C(保留整数)。 (3) 阻抗 Z。 (4) 电流的有效值。 (5) 电路的有功功率、无功功率、视在功率。 (6) 功率因数。	
21	如下图所示,已知电源电动势 $E=6V$,内阻 $r=2\Omega$,外电路电阻 $R_1=R_2=R_3=4\Omega$。试求: (1) 当 S 断开时,通过电阻 R_1、电阻 R_2 和电阻 R_3 的电流。 (2) 当 S 闭合时,电阻 R_1、电阻 R_2 和电阻 R_3 两端的电压。	

题号	试题	答案
21	(电路图：E, r, R_1, R_2, S, R_3)	
22	在对称三相电路中，电源的线电压为380V，三相负载为$R=30\Omega$，$X_L=40\Omega$，将它们作三角形连接，则相电压、线电流、相电流各为多少（答案保留一位小数）？	
23	直流电路如下图所示，已知$E_1=10V$，$E_2=16V$，$E_3=20V$，$R_1=3\Omega$，$R_2=6\Omega$，$R_3=6\Omega$，用支路电流法求电流I_1、I_2和I_3。	
24	在 RL 串联电路中，已知电源电压$u=220\sqrt{2}\sin 314t\,\text{V}$，电感$L=0.08\text{H}$，电阻$R=50\Omega$，求电路有功功率$P$、无功功率$Q$和视在功率$S$。	
25	在下图所示的直流电路中，已知$E_1=16V$，$E_2=12V$，$E_3=24V$，$R_1=R_4=2\Omega$，$R_2=4\Omega$，$R_3=8\Omega$。 （1）用支路电流法求电流I_1、I_2、I_3。 （2）求A点的电位。	
26	已知电路如下图所示，求V_A、V_B、V_C、U_{AB}、U_{BC}、U_{AC}。	

题号	试题	答案
27	在下图所示的直流电路中,已知 E=30V,R_1=7Ω,R_2=R_3=6Ω,求该电路中 U_1 和 I_2 的值。	
28	在下图所示的电路中,电源电压保持不变,电源内阻不计,电阻 R_1=30Ω,当开关 S_1 闭合,开关 S_2 断开时,电流表的示数为 0.4A;当开关 S_1、S_2 都闭合时,电流表的示数为 0.6A。 (1)求电源电压。 (2)求 R_2。	
29	下图所示为双量程电压表的示意图,已知电流表 G 的量程为 0~50μA,内阻为 3kΩ,求图中串联的分压电阻的阻值 R_1、R_2。	
30	如下图所示,将一矩形金属框置于磁感应强度为 0.4T 的匀强磁场中,导体 AB 的长度为 25cm,导体 AB 垂直于磁感线方向下落的速度为 6m/s,金属框的内阻为 10Ω,试求: (1)导体 AB 中的感应电动势大小。 (2)感应电流的大小和方向。 (3)作用在导体 AB 上的力。	

题号	试题	答案
31	将三个电容串联接于 $u=110\sqrt{2}\sin\left(314t+\dfrac{\pi}{6}\right)$ V 的交流电路中，三个电容的容量分别 $C_1=20\mu F$、$C_2=40\mu F$、$C_3=5\mu F$。试求： （1）电路中的电流有效值。 （2）电流解析式。 （3）三个电容两端的电压。	
32	有甲、乙两个电容，甲电容的容量为 $2\mu F$，额定工作电压为 160V；乙电容的容量为 $10\mu F$，额定工作电压为 250V。若将两个电容串联起来，接在 300V 的直流电源上，问： （1）电路能否正常工作，若不能，哪一个电容先被击穿，后果又怎样？ （2）串联后等效电容及耐压值是多少？	
33	已知两正弦电流分别为 $i_1=5\sin\left(314t-\dfrac{\pi}{6}\right)$ A， $i_2=10\sin\left(314t+\dfrac{\pi}{3}\right)$ A。试求： （1）各电流的最大值。 （2）频率。 （3）周期。 （4）初相。	
34	在下图所示的电路中，$E=21$V，内阻忽略不计，$R_1=R_2=R_3=9\Omega$，$R_4=4\Omega$，请计算电阻 R_3 和电阻 R_4 消耗的功率。 （电路图）	
35	把 50Ω 的电阻丝接在交流电路中，已知交流电压的有效值为 220V，频率为 50Hz，初相为 $45°$。试求： （1）电压的瞬时值表达式。 （2）电流的瞬时值表达式。 （3）电阻丝消耗的功率。	
36	某正电荷 $q=3\times10^{-4}$C，在磁感应强度为 20T 的匀强磁场中，以 80m/s 的速度运动，已知电荷的运动方向与磁感线的夹角为 $30°$，求电荷受到的洛伦兹力的大小。	

题号	试题	答案
37	有一对称三相负载作星形连接后接在线电压为 380V 的三相交流电源上，已知 $R=8\Omega$，$X=6\Omega$。试求： （1）阻抗、功率因数。 （2）相电流、线电流。 （3）有功功率。	
38	电路如下图所示，已知 $R_1=2\Omega$，$R_2=3\Omega$，$R_3=5\Omega$，$R_4=4\Omega$，电源 $E_1=22V$，$E_2=12V$，$E_3=6V$，电源内阻不计，求 a、b、c、d、e、f 各点的电位。	
39	一个阻值为 60Ω 的电阻和容量为 $125\mu F$ 的电容串联后接在 $u=220\sqrt{2}\sin\left(100\pi t+\dfrac{\pi}{6}\right)V$ 的交流电源上。试求： （1）电容的容抗。 （2）电路的阻抗。 （3）电路中的电流有效值。 （4）有功功率、无功功率和视在功率。 （5）功率因数。	
40	欲将一个"110V/22W"的指示灯接到 220V 的电源上使用，为使该灯安全工作，应串联多大的分压电阻？该电阻的功率应为多大？	
41	在 RC 串联正弦交流电路中，已知电阻为 10Ω、电容为 $318\mu F$，接到 $u=100\sin(314t+45°)V$ 的交流电源上。试求：①阻抗 Z；②电流有效值 I；③视在功率 S；④功率因数。	
42	电阻、电感与电容串联，$R=10\Omega$，$L=0.3mH$，$C=100pF$，外加交流电压的有效值 $U=10V$，求发生串联谐振时的谐振频率 f_0、品质因数 Q、电感电压 U_L、电容电压 U_C 及电阻电压 U_R。	
43	如下图所示，已知 $E_1=6V$，$R_1=2\Omega$，$R_2=1.5\Omega$，$R_3=1\Omega$，当电路中的开关 S 闭合时，电压表读数为 1.5V，电流表读数为 0.5A，请回答下列问题。 （1）求内阻 r_1。 （2）求电源电动势 E_2。 （3）求 S 闭合时的电源 E_1 的功率。	

题号	试题	答案
43	（4）求 S 断开时的电阻 R_2 消耗的功率。	
44	如下图所示，外加 50Hz 正弦交流电，已知 $R=4\Omega$，$U=220V$，$I=11A$，有功功率 $P=1936W$，试求： （1）电路总阻抗 Z 和视在功率 S。 （2）虚线框内的线圈的参数 R_L 和 L。 （3）虚线框内的线圈两端的电压 U_L 及其功率因数 $\cos\phi$。	
45	RL 串联电路如下图所示，外加交流电频率 $f=50Hz$，电压有效值 $U=220V$，已知电阻 $R=60\Omega$，电感 $L=254mH$，试求： （1）电感的感抗 X_L 和电路总阻抗 Z。 （2）各元件两端的电压 U_R、U_L。 （3）电路的有功功率 P 和视在功率 S。	
46	如下图所示，RLC 串联电路外加电压为 $u=200\sqrt{2}\sin 314t\,V$，电路元件参数为 $R=8\Omega$，$X_L=9\Omega$，$X_C=3\Omega$，试求： （1）电路的总阻抗 Z。 （2）电路的总电流 I。 （3）电感两端的电压 U_L。 （4）电路消耗的有功功率 P。 （5）电路的功率因数 $\cos\phi$。	

题号	试题	答案
47	RLC 串联电路如下图所示，外加工频电压 U_1=220V，已知电阻 R=40Ω，电容的容抗为 X_C=60Ω，电感的感抗为 X_L=30Ω，试求： （1）各元件两端的电压 U_R、U_L、U_C。 （2）电阻与电感两端的电压 U_2。 （3）电路的有功功率 P 和视在功率 S。	
48	电路如下图所示，电阻 R_2=R_3=4Ω，开关 S 闭合时电压表的读数是 2.9V，电流表的读数是 0.5A；开关 S 断开时电压表的读数是 3V，试求： （1）电源的电动势和内阻。 （2）电路中电阻 R_1 的阻值。	
49	有一 RL 串联电路，已知电阻 R=40Ω，在电路两端加上 $u=100\sqrt{2}\sin 220t$ V 的电压，测得电流有效值 I=2A，试求： （1）电路的 X_L 和功率因数。 （2）若将功率因数提高到 1，可以采用何种方法？计算选用的元件的参数。	
50	有一次某栋楼电灯发生故障，第二层和第三层的所有电灯突然都暗下来，而第一层的电灯亮度未变，试问这是什么原因？这栋楼的电灯是如何连接的？同时发现第三层的电灯比第二层的电灯更暗，这又是什么原因呢？画出电路图。	
51	有一 RLC 串联电路，它在电源频率 f 为 500Hz 时发生谐振。谐振时电流 I 为 0.2A，容抗 X_C 为 314Ω，并测得电容电压 U_C 为电源电压 U 的 20 倍，试求该电路的电阻值 R 和电感值 L。	
52	三相电动机的绕组被接成三角形，电源的线电压是 380V，负载的功率因数是 0.8，电动机消耗的功率是 10kW，求线电流和相电流。	

题号	试题	答案
53	有一 RLC 串联电路，$R=500\Omega$，电感 $L=60\text{mH}$，电容 $C=0.053\mu\text{F}$，求电路的谐振频率 f_0、品质因数 Q 和谐振阻抗 Z_0。	
54	在 RLC 串联电路中，已知 $R=30\Omega$，$L=50\text{mH}$，$C=100\mu\text{F}$，$u_L=10\sqrt{2}\sin1000t\text{V}$，试求： （1）电路的阻抗 Z。 （2）电流 I 和电压 U_R、U_C 及 U。	
55	在磁感应强度为 0.4T 的均匀磁场中有一根与磁场方向相交成 60° 角、长 8cm 的通电直导线 ab，如下图所示，磁场对通电直导线 ab 的作用力是 0.1N，方向和纸面垂直指向外，求导线内流过的电流的大小和方向。	
56	在 RLC 串联电路中，电阻 $R=50\Omega$，电感 $L=5\text{mH}$，电容 $C=50\text{pF}$，外加电压有效值 $U=10\text{mV}$，试求： （1）电路的谐振频率。 （2）谐振时的电流。 （3）电路的品质因数。 （4）电容两端的电压。	
57	将容量分别为 $20\mu\text{F}$ 和 $50\mu\text{F}$ 的两个电容并联后接到电压为 100V 的电路中，它们共带多少电荷量？	
58	在下图所示的电路中，已知 $R_1=R_4=10\Omega$，$R_2=20\Omega$，$R_3=40\Omega$，$R_5=15\Omega$，$E=24\text{V}$，试计算电阻 R_5 中流过的电流，并分析当 R_5 增大时，电阻 R_5 上流过的电流流向将如何变化。	
题号	试题	答案

题号	试题	答案
59	在 RLC 串联电路中，$R=40\Omega$，$X_L=15\Omega$，$X_C=45\Omega$，将该电路接到外电压为 $u=120\sqrt{2}\sin(100\pi t+\pi/6)\text{V}$ 的电源上。 （1）画出电流、电压的相量图。 （2）求总电流 I。 （3）求总阻抗 Z。 （4）求有功功率 P、无功功率 Q、视在功率 S。 （5）说明电路的性质。	
60	将对称三相负载接成星形接到电压为 380V 的对称三相电源上，负载消耗的有功功率 $P=5.28\text{kW}$，功率因数 $\cos\varphi=0.8$；若将负载改接成三角形，电源电压不变，试求：线电流、相电流和负载消耗的有功功率。	
61	同一三相负载采用三角形连接方法接于线电压为 220V 的三相电源上，以及采用星形连接方法接于线电压为 380V 的三相电源上，试求在这两种情况下，三相负载的相电流的比值。	
62	在 RLC 串联电路中，已知 $R=X_L=80\Omega$，$X_C=20\Omega$，$u=100\sqrt{2}\sin(314t+\pi/6)\text{V}$，试求： （1）电路中的电流强度。 （2）电路呈什么性质。 （3）电路谐振时的电源频率。	
63	线路电压为 220V，每根输电导线的电阻 $R_1=1\Omega$，电路中并联了 100 个"220V/40W"的灯泡，试求： （1）只打开其中 10 个灯泡时每个灯泡的电压和功率。 （2）100 个灯泡全部打开时每个灯泡的电压和功率。	
64	已知 $E_1=90\text{V}$，$E_2=60\text{V}$，$R_1=6\Omega$，$R_2=12\Omega$，$R_3=36\Omega$，试用支路电流法求各支路电流。	

题号	试题	答案
65	已知 I_1=4A，I_2=-2A，I_3=1A，I_4=-3A，求下图中 I_5 的数值。	
66	对称三相负载在线电压为 220V 的三相电源的作用下通过的线电流为 20.8A，输入负载的功率为 5.5kW，求负载的功率因数。	
67	如下图所示，已知 C_1=C_2=100μF，耐压均为 600V；C_3=300μF，耐压为 900V，求电容组的最大工作电压。	
68	有一线圈加 30V 直流电压时消耗的有功功率为 150W，当加 220V 交流电压时消耗的有功功率为 3173W，试求该线圈的电抗。	
69	分别写出如下图所示的各波形的正弦量的表达式。	
70	有一个 RLC 串联电路，已知 R=30Ω，L=127mH，C=40μF，在电容两端并联一个短路开关 S。当外加电压 u=220$\sqrt{2}$ sin314tV 时，试分别计算开关 S 闭合和断开两种情况下的电流 I 及 U_R、U_L、U_C。	

题号	试题	答案
71	如下图所示，已知 $R_1=R_2=8\Omega$，$R_3=R_4=6\Omega$，$R_5=R_6=4\Omega$，$R_7=R_8=24\Omega$，$R_9=16\Omega$，试求电路总的等效电阻 R_{AB}。	
72	某干电池制造商声称电池释放 15mA 电流可持续 60h，在这段时间内，电压将从 6V 降到 4V。假设电压随时间线性降低，那么电池在 60h 时间里释放了多少能量？	
73	下图所示为某电路的一部分，试确定其中的 i 和 u_{ab}。	
74	有一 220V、600W 的电炉不得不用在 380V 的电源上。欲使电炉的电压保持在 220V 的额定值，试求： （1）应和它串联的电阻的阻值。 （2）应和它串联的线圈（其电阻可忽略不计）的感抗。 （3）从效率和功率因数上比较上述两种方法哪种更节能。	
75	如下图所示，电阻 $R=0.1\Omega$，运动导线的长度都为 $l=0.05m$，做匀速运动的速度为 $v=10m/s$。除电阻 R 外，其余各部分电阻均不计，匀强磁场的磁感强度 $B=0.3T$，试计算各情况中通过每个电阻 R 的电流大小和方向。	

题号	试题	答案
76	用万用表的电压挡测得某工频正弦交流电的电压值为 220V，试求该正弦电压的角频率、电压幅值、周期，并写出初相为零时的正弦表达式。	
77	如下图所示，线性负载 A 和线性负载 B 被接到相同的交流电源上，保持电源电压大小不变，改变电源的频率，测得两个负载电流变化如下表所示，请回答下列问题。 | 负载	外加电压		
---	---	---	---
	100V, 0rad/s	100V, 500rad/s	100V, 1000rad/s
线性负载 A	1A	0.50A	0.28A
线性负载 B	1A	1A	1A | （1）请说明线性负载 A 和线性负载 B 的属性（说明是电阻性、电感性还是电容性），并画出线性负载 A 和线性负载 B 的等效电路。 （2）求当 ω=500rad/s 时，线性负载 A 的等效电路中的各元件参数。 （3）如果在线性负载 A 中串联一个合适的元件，使其组成 RLC 串联电路，使谐振频率 ω_0=1000rad/s，此时电路的品质因数 Q 为多少？	
78	有三个电阻并联，R_1=2Ω，R_2=R_3=4Ω，设总电流 I=10A，求总电阻 R，总电压 U 及各支路上的电流 I_1，I_2，I_3。	

综合题答案可扫描二维码查看。